前　言

男孩所处的年龄阶段，是人生中最美好的阶段，也是人生中最重要的阶段。在这一阶段里，男孩渴望独立，渴望能掌控自己的命运。而在这一阶段中男孩所学习到的东西，将决定这一切能否实现。打下的基础越好，就能越早成熟，从而成为更好的人。所以，在未来到来之前，我们要先成为更强大的男孩。

那么，什么样的男孩才是更强大的男孩呢？是身体更好，是学习更优秀，还是能有更多的朋友，得到更多人的认可呢？想要变得更强大，以上这些可以说都是硬性指标。但有些东西，比更好的身体、更优秀的学习成绩更重要，这就是习惯与品格。身体状况会随着行为的改变和时间的推移发生变化，学习成绩也只是通往美好未来的一张车票。只有品格与习惯，才会成为让男孩受益一生的东西。

诚信，是人的立身之本，只有做一个对人对己都诚信的人，才能在成长的道路上获得更多人的帮助。

勤奋，是进步的燃料，每多奔跑一步，就会比别人更接近成功一点。

谦虚，是鞭策自己的工具，让自己永远都有攀登高峰的动力。

好学，是强大的根源，学习没有停止，变强就不会停止。

勇敢，是划破黑暗的利刃，只有勇敢的人才能战胜人生路上的困难。

责任，是成熟的标志，成熟独立的第一步，做人做事都要先从承担责任做起。

道德，是清冽的泉水，能帮助自己清除身上的污秽，让自己过一段干干净净的人生。

计划，是人生道路上的路牌，确保自己总是能选择正确的方向。

本书旨在从以上八个方面，帮助男孩培养正确的习惯和良好的品格，减少成长道路上的迷茫。书中每个部分都有启迪人生的小故事，除此之外还设置了"成长感言"与"成长课堂"两个栏目。"成长感言"能帮助更好地理解故事内容，而"成长课堂"则提供了一些指导方案，帮助男孩更好地成长。

最后，祝每个读者在阅读本书之后，都能有所成长，成为拥有正确习惯、良好品格，胸怀远大、勇于承担的"更强大的男孩"。

男孩，你要学会强大自己

强大自己

国成彪 著

四川辞书出版社

图书在版编目 (CIP) 数据

男孩，你要学会强大自己 / 国成彪著. —成都：四川
辞书出版社，2022. 4
ISBN 978-7-5579-1052-5

Ⅰ. ① 男 … Ⅱ. ① 国 … Ⅲ. ① 男性－成功心理－青少
年读物 Ⅳ . ① B 848. 4－49

中国版本图书馆 CIP 数据核字（2022）第 045077 号

男孩，你要学会强大自己
NANHAI，NI YAO XUEHUI QIANGDA ZIJI
国成彪　著

统筹策划 / 董志强
责任编辑 / 雷　敏　赵积将
封面设计 / 仙　境
责任印制 / 肖　鹏
出版发行 / 四川辞书出版社
地　　址 / 成都市锦江区金石路 239 号
邮　　编 / 610023
印　　刷 / 运河（唐山）印务有限公司
开　　本 / 700mm×1000mm　1/16
版　　次 / 2022 年 4 月第 1 版
印　　次 / 2022 年 4 月第 1 次印刷
印　　张 / 13. 75
书　　号 / ISBN 978-7-5579-1052-5
定　　价 / 49. 80 元

目　录

第一章

诚信——男子汉，就要敢作敢当

第二章

勤奋——男孩的一生就该是奋斗的一生

第三章

谦虚——谦谦君子，用涉大川

第四章

好学——学无止境，才能"强"无止境

第五章

勇敢——有直面恶龙的勇气，才会有救出公主的运气

第六章

责任——学会承担是走向独立的第一步

第七章

道德——男孩的帅气，就是把高尚刻在骨子里

第八章

计划——步步为营，才能掌控命运

第 一 章

诚信——男子汉，就要敢作敢当

◇◇◇

　　诚信是与人交往的基础，失去了诚信，就相当于失去了朋友。所以，强大的男孩要讲诚信，当个一言九鼎的男子汉。

信任是一种可消耗资源

民无信不立。

——《论语·颜渊》

人与人交往，彼此间的信任是非常重要的。当我们想要与他人达成协议的时候，当我们想要和别人交换什么的时候，当我们向家人、老师、同学做出保证的时候，没有信任都不能实现。成年人的世界也是如此，不是每件事情都一定要白纸黑字地写在纸上，不是每个承诺都需要公证机关公证，出具一份具有法律效力的协议。就某些小的事情初步达成共识，都要以彼此之间的信任为前提。

在某个镇子上，有一位年轻的小裁缝。他虽然年纪不大，手艺却非常好。小裁缝做的衣服美观大方，价格也便宜，镇子上的人都愿意拿着布料来这里做衣服。

没多久，他们在小裁缝身上发现了更多的惊喜。他不仅能做日常的衣物，西装、运动服也不在话下。有些追求时尚的女孩拿着杂志来找他，想要看小裁缝能不能照着杂志做出衣服来。结果小裁缝虽然不能完美还原杂志上的那些名牌服装，却也能模仿到七八分像。小裁缝的名气很快就传开了，不仅本镇的人来找他做衣服，就连附近村镇的人也纷纷登门，成为了他的顾客。

面对成功，小裁缝变得有些骄傲。他认为凭着自己的本事，应该有更好的生活，而不是整天待在屋子里做衣服。于是，他第一次没能按时把衣服交给顾客。刚开始他还有些不好意思，但次数多了，他也就不在乎了。

交不出衣服，就没有收入。于是，他又打起顾客送来的衣料的主意。他把顾客拿来做衣服的好衣料卖掉，再买一些便宜的衣料给顾客做衣服。这样一来一去，小裁缝得到了一些不义之财。

小裁缝过去做衣服又快又好，如今不仅制作速度很慢，甚至还会偷换顾客送来的衣料。人们渐渐对小裁缝失去了信任感，再没有人愿意去他那里做衣服了。小裁缝在镇子上没有了信誉，即便他打算痛改前非，也没人愿意再给他一次机会。小裁缝只好拿上自己的工具，离开了镇子。后来听说他在另一个镇子上又恢复了最开始认真做事的样子，重新富裕了起来。

信任就是这样一种可消耗资源，小裁缝消耗完了镇子上的人对他的信任，这个时候不管他的手艺有多好，都不会有人再去找他做衣服了。

成长感言 ▶ ┈┈┈┈┈┈┈┈┈┈┈┈┈┈┈┈┈┈┈┈┈┈┈┈┈┈┈●

信任是一种看不见、摸不着的东西，但这并不代表信任就是不能估量的。我们虽不能把信任量化，用数字精确地表达，但是每个人心中都有一杆秤。

我们会把信任交给那些言而有信的人，而不是那些言而无信的人，可见信任是可以被估算的，是一种可以被消耗的、有限的资源。说的谎话越多，信任消耗得就越多。当信任被消耗殆尽的时候，就出现了信誉"破产"的情况。说出的话想要再被人相信，就变得很困难了。

成长课堂 ▶ ┈┈┈┈┈┈┈┈┈┈┈┈┈┈┈┈┈┈┈┈┈┈┈┈┈┈┈●

如何积累可被消耗的信任

言出必行自然是积累信任最简单有效的方式，然而在生活中并没有那么多的机会让我们来"表现"自己的诚实守信。所以，我们需要一些方法，让自己在日常生活中就能逐步积累信任。

◆ 树立良好的个人形象

在生活当中，我们经常说不要以貌取人。然而，想要彻底杜绝以貌取人是不可能的。人们会天然地对那些个人形象更好的人有更多的好感，更容易去相信他们。

日本曾经做过一个社会实验，两个男人分别以自己钱包丢了为由向

路人求助。其中一人穿着整齐，言语得体，打扮得一丝不苟；而另外一人穿着破旧，容貌邋遢。在人们的认识当中，显然第二个人的情况更加窘迫，更需要人们的帮助，但向他伸出援手的却并不多。第一个看起来只是暂时处于困境当中的人，却得到了绝大多数人的帮助。

这种情况看起来并不符合一般人的认知，但事实就是如此。我们想要积累信任，就必须要有良好的个人形象和精神面貌。

◆ **用良好的行为树立口碑**

"路遥知马力，日久见人心"，这句话在建立信任关系上有着重要的指导地位。一个人是否值得信任，一个考量关键点就是他能否经得起时间的考验。做一件好事不难，难的是一直做好事。

我们想要逐步积累信任，那就要多做好事，多去帮助其他的人。特别是在集体当中，这种口碑会逐渐蔓延，从最开始只有几个人知道，到整个集体都认同你。到这个时候，你所获得的就不只是一个人的信任，而是集体当中所有人的信任。或许通过这种信任而成为集体当中的领袖，也不是什么困难的事情。

◆ **做一个乐于分享自我的人**

乐于分享是很好理解的，和别人分享自己拥有的东西的人，很难不获得别人的好感。能分享自我的人，更容易打开别人的心门，获取信任。

在分享的时候要注意选好对象。并不是每个人都值得你付出努力与之建立信任关系的，有些人本身并不具备良好的品行，向他们分享自我，无疑是给其机会做对我们不利的事情。

分享自我不是刚刚见面就对人掏心掏肺，这样的行为不仅不能取得别人的信任，反而会把对方吓跑。分享要考虑到对方的接受程度，顺其自然才是最好的。我们可以从我们喜欢吃什么，喜欢读什么书，喜欢什么运动等这些比较小的习惯爱好开始，逐步过渡到自己对于某些人或者事的看法。一段时间以后，甚至可以深入到自己过往的经历、家庭生活、人际关系等。当对方觉得自己足够了解你，你也足够了解他的时候，信任就已经在潜移默化当中积累起来了。

在自我分享这一过程中要格外注意，分享应该是相对平等的。我们不能强行要求对方和自己一样主动，当对方根本不愿意和你分享自己的事情时，你的分享也应该停止了。这说明对方有着很强的防备心，认为你不是个值得分享的人。

只有理亏才会不敢对人言

（光）自少至老，语未尝妄。自言："吾无过人者，但平生所为，未尝有不可对人言者耳。"

——《宋史·司马光传》

你有不敢告诉别人的事情吗？你是否曾经做了错误的事情却拼命想要掩盖，避免遭受惩罚？你是否曾经因为害怕丢脸而对自己的失败避而不谈？你是否曾经因为想要获得什么利益，而千方百计掩盖某些事情真相？

每个人都想让自己过得更轻松些，这并不是什么过错。但是，选择掩盖自己所做过的事情，否认自己所说过的话，只能暂时达到这一目的。对于青春期的男孩来说，生命是很漫长的，时间还很多。如果因为理亏就不敢对别人说真话，久而久之必然会对我们的成长造成负面的影响。

俗话说，世上没有不透风的墙，纸里包不住火。不管事情多么秘密，早晚都有暴露的一天。作为一名男子汉，即便不能做到顶天立地，至少也要成为一个敢作敢当的人。如果把自己理亏的事情掩盖起来，一旦被人戳穿，不仅会颜面尽失，更是会失去周遭人的信任。只有做到敢于担当，挺胸抬头做人，才能成为一个人人夸赞的男子汉。

航航是个调皮捣蛋的孩子，因为闯祸，没少挨父母的批评。但是，他却从来不掩盖自己的问题，因为他有一次做错了事情又遮遮掩掩，给家里添了很大的麻烦。

那一天，航航去奶奶家做客。吃过晚饭，大家向奶奶告别，准备回家了。爸爸妈妈还在跟奶奶说话，急着回家看电视的航航一个人先跑到了门外等爸爸妈妈。就在他觉得无聊的时候，突然在奶奶家门前看到一个新奇的东西——水表。

奶奶家住在老城区，楼房都是几十年前盖的，水表就设在门外边。而航航家呢，住的是高层，水表都在统一的水表房里。航航第一次见到水表，不由得对水表产生了兴趣。他东摸摸，西看看，时不时还用手敲几下。玩了一会儿，航航觉得这东西没什么意思，就随手在地上捡了几个小石子，朝水表丢去。

也不知道是航航哪一下用力过猛，还是其中一颗石子格外的大，只听"啪"的一声响，水表居然破了个小洞，很快就开始有水从小洞里滴滴答答地流了出来。航航知道自己闯祸了，但要是告诉爸爸妈妈，自己今天晚上就休想看电视了；于是，他选择闭口不言，假装没这件事，

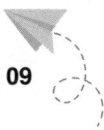

认为反正就是个滴水的小洞，没什么大不了的。

没想到，第二天天气大变，气温一下子降到了零下，奶奶家的水表直接炸开了，奶奶家遭遇了"水荒"。虽说往年也偶尔会有水表炸开的情况，但那都是因为天气特别寒冷，而今年天气还没到那么冷的时候，更别说别人家的水表都没事，只有自己家的炸开了，奶奶纳闷不已。当她跟邻居谈起这件事情的时候，对面楼的邻居告诉她："昨天有个小孩朝着你们家的水表扔石子来着，八成就是那个孩子把水表砸破了。"

奶奶马上就想到是航航干的，怒气冲冲地给航航的爸爸打了电话。航航要是实话实说，他顶多一天不能看电视。现在可倒好，爸爸妈妈为了惩罚他，不仅一个月都不许他看电视，就连之前说好要买给他的玩具也不给他买了。

理亏的事情一旦败露，所要面对的后果是非常严重的。或许原本这只是一件小事，但因为你的刻意遮掩，问题变得越来越大，最后就会变得难以收拾。就好像原本你只是失手弄出了几个火星，因为害怕遭到惩罚而没有把事情告诉能帮忙灭火的人，最后酿成难以控制的火灾，这时你要面对的惩罚可就不是扑灭几个火星的事情了。

成长感言 ▶

理亏的事情一旦被别人知道，即便没有别有用心的人利用这一点大做文章，你也极有可能会面对比原来更大的麻烦。不管是帝王将相还是普通人，都难以避免出现这种情况。如果我们有事能立即对别人说，就能在问题出现之前将其扼杀在摇篮里。

成长课堂 ▶

如何做一个"事无不可对人言"的人

我们在讲到诚信的时候，经常会提到光明磊落这一点。而所谓的光明磊落，就是为人正直清白，所作所为都可以告诉别人，经得起人们的检视，没有暧昧不明的地方。想要做到光明磊落不是一朝一夕的事情。人非圣贤，总会有犯错的时候。一旦犯了错，就要做到敢作敢当。所以，要做到"事无不可对人言"，就需要从光明磊落和敢作敢当两个部分着手。

◆ 光明磊落

1. 学会抵御诱惑。做正确的事情有些时候并不容易，因为这些正确的事情往往伴随着痛苦的过程，人们需要通过这个过程去追求好的结果。例如，努力学习来提高成绩，整理房间给自己一个好的生活环境等。

趋利避害是人的本性，但对于长远的"利"和眼前的"害"要如何去取舍呢？许多人对此头疼不已。人人都知道长远的利益更好，但却不愿意承受眼前的痛苦，于是每当面对诱惑的时候，人们就会很自然地选择接受诱惑，放弃做正确的事情。例如，放下还没写完的作业出去玩，偷懒不进行体育运动等。这个时候，不可对人言的事情就出现了。

也就是说，不能抵御诱惑的人，很难成为一个光明磊落的人。

2. 拥有辨别对错的能力。分清好坏是一件说来简单，做起来却很困难的事情。随着成长，人也会逐步走向独立，对人对事有自己的见解，为人处事有自己的风格。在这一过程中，出现些与众不同的想法是很正常的。追求个性是好事，但追求的东西须是对的，是正能量的才行。

有些错的事情看起来很酷，有些错的事情能为你带来快乐。上课偷看课外书，这或许比听老师讲课更加快乐，偷吃零食填饱肚子也比在课堂上饿肚子更舒服。但归根究底，这些事情是错的，是不能对别人说的。当你追求的酷、快乐、舒服在方向上出现问题的时候，你距离光明磊落就越来越远了。

◆ **敢作敢当**

1. 不掩盖自己的错误。人人都会犯错，这没什么可怕的。当我们犯错以后，就要勇敢地承担后果。因为畏惧错误带来的后果而去掩饰错误，一旦被人发现，不仅要面对更加严重的惩罚，还会因为不诚实的行为而失去他人的信任。

2. 不推卸责任。没有人愿意面对失败的后果，因此，有机会推卸责任的时候，人动心也是很正常的，不是选择将责任推卸给与自己同做一件事情的人，就是选择将失败的原因归咎于不可抗的客观原因。这样做的确可能减轻犯错带来的惩罚，但却错失了我们成长的机会。

失败是成功之母，每次失败都能让我们从中汲取经验，得知需要规避的错误做法。一旦将失败的原因归咎于其他人，归咎于客观原因，那我们就永远都学不会如何去成功。久而久之，这甚至会形成一种习惯，让自己彻底变成一个只会推卸责任的人。这样不仅我们自己无法成长，也不会有人愿意与我们同做一件事情。

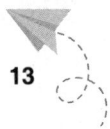

重视许下的每一个承诺

一个人信守诺言，比守卫他的财产更加重要。

——法国作家莫里哀

在商业活动中，人们会用契约来约束双方的行为，保证双方能诚实守信。在生活当中人们不可能一板一眼地为所有事情都立下契约，口头的承诺更加常见。也许你会觉得，生活当中哪里有什么事情需要许下承诺？然而，承诺并没有那么遥不可及。

今天的电视节目进行到了关键时刻，而你的作业却还没有写完。想要让家长同意自己先看电视后写作业，你就需要做出一个"看完电视我一定会把作业写完"的承诺。家长只有相信了你的承诺，你才能获得提前看电视节目的机会。可见，承诺无处不在，且能为我们带来许多方便。

在商业活动中，承诺是非常重要的，这意味着双方都在为了建立信任以最终实现共同盈利而努力。如果在商业活动中违背承诺，就有可能付出惨重的代价。

《华盛顿邮报》是美国知名的传统媒体，在互联网时代，这些传统媒体不断受到新兴媒体强大力量的冲击。为了跟上时代的大潮，《华盛顿邮报》准备投资一家新媒体作为自己公司的补充。

经过一段时间的考察，《华盛顿邮报》方面联系到了一家万众瞩目的新兴社交平台。这家社交平台愿意和《华盛顿邮报》联络，这对于《华盛顿邮报》来说简直是意外之喜，毕竟他们相对于投资公司和已经兴起的高科技产业来说，资金并不多，只能拿出 600 万美元，收购对方10% 的股份。要知道，之前已经有公司为这 10% 的股份开出了 700 多万美元的价格，都没有打动这家社交平台。《华盛顿邮报》赶紧派出了谈判团队，打算和对方敲定具体协议。

双方的交流是非常愉快的，《华盛顿邮报》方面的要求本就不高，更多的是把自己放在前辈的立场上，愿意给这家年轻的公司更多自由发展的空间。这种想法正中对方下怀，双方很快就找到了共同的利益点，在口头上达成了一致。谈判在愉快的气氛中结束了，《华盛顿邮报》向对方许下承诺，三天以后正式签订协议。

双方都喜气洋洋地等着正式签约这一天的到来，紧锣密鼓地准备着各种材料。就在这时，《华盛顿邮报》方的谈判代表得知自己的父亲去世了。接下来的时间是要去签约还是回家处理父亲的丧事？这位代表选择了后者，认为几天以后再签约也没什么大不了的。

父亲的丧事还没处理完，这位谈判代表就接到了另一个让他心痛的

电话——这家社交平台以 1570 万美元的价格接受了另外一家公司的投资，这个报价是《华盛顿邮报》的一倍还多。这个结果让谈判代表瞠目结舌，但他还是有办法安慰自己："投资界的傻瓜们，给出这样不合理的天价，早晚要亏本！"

事情的发展与这位谈判代表所设想的完全不同。这家公司的投资不仅没有亏本，反而赚大了。之后，对方的公司在 2021 年底更名为 Meta，这个社交平台就是被誉为世界第一社交平台的 Facebook。

成长感言 ▶

信守承诺是诚信最基本的表现，这既是与他人建立信任的办法，同时也是使用信任的办法。如果你总是能信守承诺，不仅能与他人建立信任关系，还能通过做出承诺来获得便利。我们要重视承诺，这不仅是因为承诺对于你我非常重要，更是因为很多时候会出现"说者无意，听者有心"的情况。也许你只是随口一说，只是开个玩笑调侃一下，对方却当了真。一旦你没能实现你当玩笑许下的承诺，对方就会觉得你失信了。

成长课堂 ▶

如何让别人相信自己的承诺

我们向别人做出承诺，主要有两个原因：一是为了坚定自己的意志；二是希望别人能相信自己做出的承诺，换取信任。如果对方不相信自己做出的承诺，则不仅不能换取信任，同时也会打击自己的自信。总体来说，不被别人相信的承诺，几乎是没有意义的。那么，要如何才能让别人相信自己的承诺呢？

◆ **珍惜你第一次做出的承诺**

万事开头难，建立信任关系也是如此。在双方之间缺少信任的时候，你的承诺是很难让对方相信的。如果对方愿意相信，那一定是冒着一定的风险，愿意承担坏的结果，最终才狠下心来，决定相信你的承诺。

在这种情况下，如果你没有遵守自己的承诺，对方所受到的伤害远远比你想象的更大，所造成的直接后果是你在自己与对方之间筑起了一堵墙，让双方建立信任关系这件事变得非常困难。

如果我们能完美地兑现第一次许下的承诺，双方之间就会建立起初步的信任关系，接下来的发展就会容易很多。

◆ **承诺就是承诺，不能打折**

承诺就如同契约一般，虽然没有强制力要求你兑现承诺，但也不应该因为事情的发展并不像自己想象的那么好，没有得到自己想要的结果等原因，就觉得自己亏了，把自己的承诺打了折扣。在你做出承诺，换取对方的信任或者其他实质上的好处时，对方已经付出了成本。即便是最后的结果不如你想象的那么好，你也应该兑现承诺。如果在兑现承诺时打了折扣，就相当于把你遭受的一部分损失转嫁到了对方身

上。对方遭受了损失，自然会对你产生不信任感。

◆ 利用"登门槛效应"，从小到大逐步建立信任关系

"登门槛效应"是对心理学的常见应用，想要让对方接受你的要求，不妨先抛出一个对方容易接受的要求。一旦对方答应了你第一次，接下来就会逐步答应你更多的要求。

想要让别人相信我们的承诺，同样可以利用"登门槛效应"。我们可以先提出一个容易实现的承诺，换取对方一点信任或帮助。承诺兑现后，双方就建立起了最初步的信任关系，接下来你做出的承诺就更容易被对方相信了。

诚实守信不代表不会变通

言必信，行必果，硁硁然小人哉。

——《论语·子路》

　　诚实守信与随机应变都是优良的品质，这两者也并不矛盾。如果死钻牛角尖，把诚实守信变成了自己做事不懂变通的理由，不仅不会让人敬佩，反而会让自己遭遇危机。

　　相传，古时有个名叫尾生的年轻人，他心地善良，为人正直，乐于助人，信守承诺，在乡里人人称赞。在搬家到梁地以后，尾生认识了一个年轻姑娘，两人一见钟情。尾生去向姑娘的父母求亲，姑娘的父母认为尾生家境贫寒，不能给姑娘幸福，拒绝了他。

　　封建社会的婚姻一贯是父母包办的，年轻人想要追求自由的爱情，只有私奔这一条路走。于是，尾生和姑娘商量了一个日期，决定在城

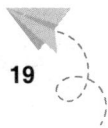

外一座木桥边会面，一起私奔到尾生的老家去。

当天晚上，尾生早早地来到木桥边，等着和自己的恋人汇合。没想到，尾生刚到不久，天色就变了。滚滚的乌云从天边飘来，狂风吹得尾生睁不开眼睛。顷刻间，电闪雷鸣，大雨倾盆而下。

积水很快就淹没了尾生的膝盖，但尾生始终想着自己与姑娘已经约定好要在木桥边不见不散。为了不被大水冲走，他死死地抱住桥柱不撒手，最后竟被活活淹死了。

姑娘为什么没来呢？不是因为她临时改变了主意，而是因为父母看管得太紧，直到深夜才找了个机会溜出来。但此时，距离两人约定的时间已经过去很久了。姑娘来到木桥边时，大水早已退去，只有被淹死的尾生还紧紧抱着桥柱。

姑娘悲痛欲绝，号啕大哭。哭了一会儿，就跳入滚滚江水中，为尾生殉情了。

在封建社会的各种典籍中，人们对尾生诚实守信的行为赞誉有加，认为尾生说一不二的精神值得赞许，令人感动。然而，尾生只要稍微变通一下，把等待的地点稍微变动一下，就能保住自己和姑娘的性命，也不会耽误两人的见面。

对于诚实守信和随机应变该如何抉择，孔子早有属于自己的理解。

一次，子贡向孔子求教："老师，怎样的人才能被称为士呢？"

孔子回答说："自己在做事的时候知道羞耻，替君主出使其他国家的时候能完成任务，这就可以叫作士了。"

子贡又问："那么稍微差一点的呢？"

孔子回答说："宗族里的人都夸他孝顺父母，乡里的父老乡亲们都称赞他尊敬兄长。"

子贡最后问："那么，再差一点的呢？"

孔子回答说："那些说到就要做到，做事总是坚持到底，不管好坏地固执己见，这是普通人也能做到的事情。这就是次等的士了。"

从这段对话当中，我们能看出来孔子并不是不认同诚实守信的行为，而是认为诚实守信这样的行为是每个普通人都能做到的。他所欣赏的，是那些做事不会偏离目标，但却不拘泥于最开始的想法，懂得随机应变的人。在孔子的弟子当中，颜回就是这样的人。

孔子曾对颜回说："在被任用的时候好好做事，不被任用的时候就把自己隐藏起来，能做到这样的只有你和我。"子路在旁边听到孔子夸奖颜回，很不服气，因为他就是那种不懂变通，有些死脑筋的人。于是，他问孔子说："老师，如果你统御军队，最想要跟谁在一起呢？"

子路是孔子弟子当中身手最好，作战最勇猛的，心想在统御军队这件事情上，老师一定会选跟自己一起。没想到，孔子是这样说的："空手打虎，蹚水过河，死不回头，这样的人我是绝对不会和他一起的。我只会和那些做事小心谨慎，懂得计划变通的人在一起。"

成长感言 ▶

再好的事情走向极端都会变质，诚实守信作为一种美好的品德，走向极端就变成了死心眼、不懂变通。我们不仅要做守信用的人，也要

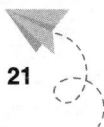

做懂得变通的人。

成长课堂 ▶

诚实守信与随机应变如何兼顾

诚实守信的反面是奸诈狡猾而不是随机应变，也就是说，随机应变与诚实守信并不是相悖的。明白这个道理，就能让我们成为更好的人。有人可能会问了，随机应变不就是更改之前的约定，转到对自己更有利的方向上吗？不就是见风使舵吗？

"见风使舵"这个成语现在多用于贬义，但我们不妨从字面意义上来理解一下"见风使舵"。在古代，船主要的动力来源就是风。逆风而行，对于行船来说绝对是大忌。只有总是能找对风向的舵手，才能保证船能正常地航行下去。见风使舵只能改变当前的航行方向，不能改变最终的目的地。于是乎，我们兼顾诚实守信与随机应变的第一个办法就出现了。

◆ 可以见风使舵，但不能南辕北辙

小明向同学借了一本书，打算在星期六的傍晚还给同学。星期五放学前，小明对同学说："明天下午四点，我骑车到你家小区门口把书还给你。我到了以后给你打电话，到时你直接下楼拿就行了。"

星期六下午，小明正要出门，突然天降大雨，骑车不仅会被

雨淋湿，还可能因为交通状况不好而遭遇危险。于是，小明决定坐公交车去送书。到了公交车站，小明给同学打电话说："我在你家小区门口的公交站，你来拿一下书。"就这样小明完成了还书的任务。

虽然小明没有按照最开始的承诺，把书送到同学家门口，但也不算违背了自己的承诺。这个承诺的重点在于"下午四点""到你家小区门口""还书"，而不是"骑车"。

"条条大路通罗马"，只要在关键点上我们做到了信守承诺就已经足够了，不必拘泥于自己说过的每一个字。

但是，也不能因为下雨，小明就打电话告诉同学："今天下雨，我就不来了，明天再说吧。"或者通知同学："下雨我骑车不方便，你自己来拿一下吧。"这两种说法可能会得到对方的谅解，却不算是遵守了承诺。如果这样做，小明就没有信守自己的承诺，结果和自己之前的承诺南辕北辙。

◆ 人是有"紧急避险"的权利的

"紧急避险"是一个在法律上常用的词汇，指的是为了使国家、公共利益、本人或者他人的人身、财产和其他权利，免受正在发生的危险，不得已而采取的侵犯另一个较小的合法权利以保护较大的合法权利的行为。在生活当中，或许我们不会遭遇什么太大的危机，但还是会出现一些状况，让我们不得不违背自己的承诺。

例如，你答应了星期日下午陪同学一起去书店，但星期六的时候家

里来了客人，导致你没能完成作业，只能在星期日的时候写。这个时候取消陪同学去书店的约定，并不算是违背承诺。毕竟没写完作业不仅会被老师责罚，还是对自己的不负责。

第二章

勤奋——男孩的一生就该是奋斗的一生

◇◇◇

　　天赋不是每个人都有，但勤奋却是每个人都能做到的。当你拥有了勤奋这一良好品格以后，就能把那些只依靠天赋的人甩在身后。

坚持到底，无论锻炼还是学习

成大事不在于力量的大小，而在于能坚持多久。

——英国作家塞缪尔·约翰逊

　　伟大的发明家爱迪生被誉为"发明大王"，仅拥有的知名专利就超过 2000 项。爱迪生曾说过一句名言："天才是 99% 的汗水加上 1% 的灵感。当然，没有这 1% 的灵感，世界上所有的汗水加在一起也只不过是汗水而已。"最近人们更加关注后面一句，这一句强调了天赋，或者说灵感在成功当中是多么的重要。但却忽视了汗水的重要性，即便有 1% 的灵感，也要付出 99% 的汗水才能成功。可见，只有坚持努力到了一定的程度，天赋才是有作用的。我们不能否认天赋是成功当中的重要因素，但没有付出努力的天才和普通人也没什么区别。

　　在美国加州的河滨市，有一个男孩每天都坐在窗子前面，满眼

羡慕地看着院子里的哥哥姐姐们玩篮球。不是哥哥姐姐们不带他玩，而是因为他刚刚出生的时候就双腿扭曲，臀部变形。医生断言说，这个孩子能够独立行走就算是老天照顾，至于像正常人一样运动，想都别想。

男孩的爸爸是个军人，母亲是个护士，两人都受过良好的教育，有着坚定的意志。他们告诉男孩，医生也有犯错的时候，只要你坚持努力，一定能和正常人一样。父母的话鼓舞了男孩，每天他都要花费大量的时间，用一副支架支撑着自己练习走路。五年以后，他居然真的甩开了支架，能够独立行走了。

但这远还没完，男孩想：既然我已经证明医生说的自己不能独立行走是错的，那么我何不将他说我不能像正常人一样运动的错误一并破除呢？于是，他开始和比他大 17 个月的姐姐一起打篮球。

姐姐比男孩更加高大，身体的灵活程度更不是他这个刚刚离开支架的孩子能比的。他一次次地输给姐姐，但却从没有过放弃的打算。姐姐在运动方面很有天赋，他为了战胜姐姐，每天都要练习近千次投篮。但即便如此努力，也只能勉强跟上姐姐的脚步。

就这样，十几年过去了。姐姐上了大学以后，有更丰富多彩的生活，逐渐放弃了对篮球的练习。这一年，姐姐圣诞节回家的时候，男孩第一次击败了姐姐，尝到了胜利的滋味。他又一次证明了，医生的话是错的。大学毕业以后，他更是以明星球员的身份进入了 NBA，成为了 20 世纪 90 年代最好的射手。他就是雷吉·米勒。

成长感言 ▶

　　古人常说"人定胜天"，以此来表达自己对命运的反抗以及面对困难时绝不退缩的决心。在成功的过程中，天赋的确扮演着非常重要的角色。但是，并不是每个成功者都有其他人难以企及的天赋。有些时候，我们仅仅依靠个人的坚持和不断努力，同样能获得那些天赋异禀的人才能取得的成功。因此，我们在理解"人定胜天"的时候，不妨将其理解为，后天的坚持只要足够多，同样能胜过那些空有天赋却不能坚持努力的人。

成长课堂 ▶

如何坚持去做一件事情

　　坚持不是一件容易的事情。喜欢安逸生活是人的天性，而与自己的天性做斗争，是非常困难的。如果我们能知道一点技巧，那么就能让坚持这件事情变得容易许多。

◆ 明确自己是为了什么在坚持

　　人在做事的时候总是需要一点动力，不管是锻炼还是学习，都是如此。所以，想要长期坚持下去，必须要给自己一个理由。

　　每个人的动力来源都不一样，物质上的奖励，自我提升带来的成就感、自信心，他人的赞赏，这些都能成为让自己坚持去做一件事的动

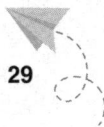

力。找到自己的动力来源，想象一下自己坚持下去，取得成功以后会得到什么。到了这一步，坚持去做一件事情就变得不再那么困难了。

◆ 给自己找个假想敌

人的胜负心远远比想象的更加强烈，胜负心会给人带来无穷无尽的力量。尽管这种力量有些时候是非理性的，但不得不说，这对坚持去做一件事情十分有用。

这个假想敌可以是某个领域里的佼佼者，可以是自己身边的人，甚至可以是自己。都说最了解自己的人就是自己，那么你了解自己吗？你知道自己的极限在哪里吗？你认为自己能坚持一件事情多久，又是否敢突破自己的想象，比现在的自己做得更好呢？战胜你的敌人，坚持去做某件事情，不仅能让自己获得提高，还能收获一场酣畅淋漓的胜利，何乐而不为？

◆ 有规律地给自己一点奖励

人们常说要对自己狠一点，对自己狠，拿出勇气去做那些富有挑战性的事情，这没有错。但是，再好的弓弦绷久了也难免会断，张弛有度才是坚持做一件事情的正确方法。适当的放松，有利于更好地坚持下去。

这里说的放松，并不是坚持上的放松，而是精神上的放松。每隔一段时间，在感到力不从心的时候，不妨稍微奢侈地奖励自己一下，告诉自己这是努力的人应得的。如果不够努力，不能坚持，就不配享受这种奢侈。

三分钟热度连三分收获都不会有

苟有恒，何必三更眠五更起；最无益，莫过一日曝十日寒。

——明代学者胡居仁

　　都说一分耕耘一分收获，但为什么三分钟热度会连三分收获都没有呢？这是因为三分钟热度连耕耘都算不上。任何事情都是需要一定积累的，三分钟热度往往还处在了解事情，刚刚着手开始进行的时候。在这一过程中，需要付出时间与精力来搜集信息，做一些前期的准备工作，是只有付出而没有回报的。所以，三分钟热度不仅不会有收获，反而还会有许多的投入。只有沉下心来，坚持耕耘，才能取得成功。

　　在俄国有一个年轻人，他出身贵族家庭，从小就接受良好的教育，过着衣食无忧的生活。但是，他对什么事情都只有三分钟热度，离开

家庭步入大学没多久，他就成了一个纨绔子弟。他并不是对学习毫无兴趣，在最开始的一段时间里，他热衷于阅读文学作品和研究哲学。但是，学习哪里有参加聚会，喝酒、唱歌快乐呢？结果，在数次考试中他都没有及格。

大学毕业以后，他成为了一名政府官员，还从军上了前线。前线军队里可没有什么聚会，也不许随便喝酒，这才让他改过自新。在这段时间里，他写了许多短篇小说，展现了自己在文学方面的才华。结束军旅生涯后，他又故态复萌，开始饮酒作乐了。毕竟写小说哪里有参加聚会快乐呢？

就这样荒唐了几年，他的哥哥去世了。这件事情给了他很大的打击，让他停止了无休无止的酗酒，开始正视自己的生活。开始新生活的他很快就找到了心仪的女孩，成为一个已婚男人。结婚以后，他就把全部的家业交给妻子打理，自己全身心地投入文学创作中去。

全身心的投入让这个有天赋的人取得了成功，他的名气越来越大，每天因为各种原因来拜访他的人越来越多。对于功成名就，他并不开心。每天都要接待慕名而来的客人、粉丝，哪里还有时间创作呢？为了保证自己能够专注写作，他把自己关进了地下室，告诉自己的妻子要是有人来找他就说他死了。

凭借着数十年的坚持和全身心的投入，他创作出了《战争与和平》《安娜·卡列尼娜》《复活》等惊世不朽的作品。这个年轻人，就是俄国伟大的作家列夫·托尔斯泰。

成长感言 ▶ --●

　　保持热情能够让我们把更多的时间专注在自己需要做的事情上，不管是做什么事情，三分钟热情都是负收益的，起不到任何作用。因此，在投身某件事情之前，要先动脑，再动手。先确定自己要不要去做，再开始做。千万不要头脑一热就投入进去，花费了一些时间与精力之后才发现自己不喜欢，也无法去坚持。

成长课堂 ▶ --●

如何在做事的时候保持热情

　　充满热情，全身心地投入到一件事情中去，这是成功的捷径。在我们接触一件事情的时候，最开始总是满是好奇和新鲜感，这成为了我们能够大量投入热情的原因。时间长了，新鲜感也会随着我们对事情的了解逐渐消失，在做事的时候就会出现敷衍。在人们敷衍某件事情的时候，事情也会敷衍你，这样是得不到回报的。所以，我们必须要想办法把热情保持下去。

　　保持热情的方法有很多，有些是从自己身上着手，而有些则需要他人的帮助。让我们来看看我们究竟怎样才能把热情保持下去。

◆ 明确自己的目标

　　人们在做事情的时候，最开始往往没有一个清晰明确的目标。只

是单纯地被这件事情的某个方面所吸引，于是就忍不住投身进去，做一些尝试。在新鲜感退去以后，就会因为没有目标而变得迷茫，从而失去了对事情的热情。

如果能在投身某一事业之前就定下一个清晰的目标，接下来的发展就会截然不同。这样也许我们会因为早早就看清了这件事情并不符合自己的喜好，因而在投入时间与精力之前就果断放弃，这样就能避免损失。又或是因为有清晰的目标，投身这一事业的时候每有一点进步，就距离这个目标更近一点，距离目标越近，热情也就越是高涨，形成一种良性循环。

不管会有哪种结果，至少都能让我们避免损失，有所收获。

◆ 寻找和自己志同道合的人

一条道路不管风景有多好，一个人走得久了难免会觉得无聊，会觉得孤独，进而失去了热情。成功的道路也没什么不同，某件事情如果只有一个人坚持，连分享的对象都没有，恐怕也很难坚持下去。因此，寻找一个同行者，对我们保持热情是有着极大帮助的。

找个志同道合的同行者，除了能保证我们拥有热情外，还能起到互相监督，共同进步的作用。毕竟一人计短，二人计长，多一个人就能多一分力量，多一种思考方式，甚至能找到更快通往成功的道路。

◆ 制订计划，调整节奏

钢铁在不断弯折以后，会变得像竹子那样柔软，这就是疲劳。相比钢铁，有血有肉的人显然更容易受到疲劳的困扰。特别是专注某件事情的时候，如果不懂得把握节奏，肉体和精神上的疲劳就难以消解，最终把人压垮。肉体被压垮人就会生病，而精神被压垮人就会沮丧，失去热情，进而放弃。制订计划，让自己有舒缓神经的时间，这样才能不失去热情。

你或许只是太懒，不是太笨

懒惰是愚者的休暇。

——英国谚语

人总是对他人有所期待，有些时候我们是期待者，而有些时候则会成为其他人期待的对象。而许多人在被别人期待去做好某件事情的时候，总是会用"我太笨了，学不会"来做借口，以逃避去做这件事情。那么，是真的学不会吗？学不会的原因真的是自己太笨吗？或许原因不是太笨，而是太懒。

有个小女孩，她很喜欢看画。她不仅喜欢看那些画好的作品，也喜欢看别人作画。她觉得自己是喜欢画画的，自己是有天赋的，但因为家庭的关系，她连画笔都不曾拥有，更何况拿起画笔了。

几年以后，小女孩变成了少女。由于家庭的关系，她只能成为有钱人家的女佣，在农闲时赚些钱来补贴家用。在选择要去哪一家的时候，她果断选择了当地一位小有名气的画家。她认为，自己没机会拿起画笔，至少能有机会看别人作画。

少女每天都非常勤快，不用主人家催促，每天睁开眼就拼命地忙碌着。争取能在第一时间完成所有的工作，然后就以在旁边伺候老画家为由，看着老画家作画。没几天，她就发现画画并不像她想的那样美好。在她看来，画画的过程应该是一件潇洒、惬意的事情。画家只需要满怀热情，将各种各样的颜色泼洒在画布上就行了。

然而，在自己花了几天时间看老画家是如何作画后，她才明白画画有些时候很枯燥，也很辛苦。因此，当老画家发现她经常盯着自己出神，邀请她拿起画笔试试的时候，她退缩了。她对老画家说："不了不了，我一天学都没上过，也不认字。这么笨，肯定学不会的。"

老画家笑着对她说："试试看，这和聪明与否没关系，跟读书认字也没关系。许多一个字都不认识的人，也能画出美丽的画。"

在这一刻，少女动心了。她正打算接过画笔，脑海中浮现出老画家一天坐在桌前数小时，却只画出寥寥几笔的样子，于是什么都没说，又对老画家摇摇头。老画家叹了一声，又转过头进行自己的工作了。

时间飞逝，少女长成了青年，嫁给了老画家家里的一个男佣。结婚以后她变得更加忙碌，不仅要完成女佣的工作，还要和丈夫打理家务，辛勤地抚育自己的孩子。她还是喜欢看画画，只不过看别人画画的时间越来越少了。有些时候，甚至忙到把自己喜欢的事情完全抛在脑后。等到她再想起自己年轻时候是多么喜欢看别人画画的时候，她已经退休，成为一个老妇了。

年老的她成为了当地某个委员会的一员，经常负责镇子上的集体活动。在某一年的圣诞节，委员会在组织小镇活动的时候，遇到了一点小小的麻烦。聘请的画家由于天降大雪，车子抛锚，不能及时赶到。幸好大部分要用到的画都已经提前画好了，只剩下墙壁上的一点空白需要装饰。这个时候，老妇年轻时认识的朋友对老妇说："我记得你年轻的时候在一位画家的家里当过女佣，要不你来试试吧。"

老妇不明白，在画家家里当过女佣和她会不会画画有什么联系。但是，委员会里的其他人似乎都认为在画家家里工作过，就一定比其他人更会画画。推辞了许久也没能成功，最后老妇只能硬着头皮应承了下来。

在她拿起画笔的瞬间，仿佛有一道电流通过了身体。她感觉画笔就是她的一部分，在指间灵活地翻动。她很快就填补好了墙壁上的空白，而在这一过程中居然有一种酣畅淋漓的感觉。或许，她天生就应该是会画画的。这时，她脑海中又回想起那个下午，老画家把画笔递给她的时候。如果当时她接过了画笔，也许自己的人生会有不一样的精彩。

成长感言

世界上有绝对没用的人吗？我觉得是没有的。每个人一定都有属于自己的天赋，一定有自己所擅长的事情。有许多人庸庸碌碌度过一生，就是因为没有找到自己的天赋所在，没有找到自己最擅长的那件事情。有些人没有找到，则是因为自己一生当中都不曾有机会接触到那个机会。

而另一些人，机会就在眼前，却因为自己的懒惰，以"我太笨"为借口而放过了。

成长课堂 ▶

如何判断自己是懒还是笨

自己不想要做某件事情的时候，究竟是懒还是笨，难道本人还不清楚吗？其实，不知道自己是懒还是笨的大有人在。我们这里说的"笨"，并不是说智力不如其他人，而是指对于某一方面的事情特别没有天赋。

例如，有些人就是难以做好精细的手工活，有些人就是完不成其他人能做到的运动动作，有些人就是跟不上音乐的节奏。但是，他们在其他方面可能非常精通。"笨"是一种先天属性，是很难改变的。而"懒"，却是能够改变的。人们不愿意承认自己主观上的懒惰，更愿意相信自己不能做某件事情是因为没有天赋。但这种想法，会让我们失去很多机会。那么，要如何判断自己对某件事情是懒还是笨呢？

◆ 对于该事情是否有尝试的想法

世界上的事情没有那么多的想当然，不尝试怎么就能知道呢？

隔行如隔山，很多事情看起来是类似的，但实际操作的时候却有着截然不同的要求。跳舞和体操，看起来就非常接近，但实际上的要求却大相径庭。很多擅长体操的人并不能很快就学会舞蹈，跟随音乐舞

动起来。如果某人在体操方面并不在行，因此放弃了尝试跳舞，这可能就错失了一次发现自己天赋的机会。

◆ 有些时候是因为懒，所以显得笨

想要做好一件事情，绝不仅仅是行动起来，着手去做就能成功的。思考，是成功过程中非常重要的一个环节。如果你在做事情的时候，只是听别人的安排去做，跟随自己的本能，只动手不动脑，这就是懒。而因为懒惰而不思考，又会导致事情的失败。这种情况，说做不好事情是因为笨，就不合适了。这是因为懒，最终导致的笨。

通过以上两点，我们就能分辨出自己究竟是不是真的懒。懒是成功最大的敌人，可能你的天赋远远比你知道的更高，但就是因为懒，才始终没能找到那条属于自己的捷径。

行动比一切抱怨都更有用

只有把抱怨环境的心情，化为上进的力量，才是成功的保证。

——法国作家罗曼·罗兰

选择过什么样的人生是每个人都要面临的抉择，但不管选择是什么，一路上会遇到许多艰难险阻是毋庸置疑的。在面对困难的时候要怎么做呢？不同的选择把站在人生十字路口的人们引向了不同的方向。

有些人在面对困难的时候选择了抱怨。在面对意料之外的困难时，没有人是开心的。但是，抱怨又能解决什么呢？不管抱怨多久，抱怨多长时间，最终还是要面对困难，越过困难，朝着自己的目标走去。抱怨，只是在浪费自己的时间而已。

吉米·巴特勒是 NBA 热火队的当家球星，他强硬的防守，积极的态度，坚强的意志，都令人惊奇。之前他曾辗转过多支 NBA 球队，不

管走到哪里，他总能用自己的热情和专业的态度感染其他人。或许不是每个人都能欣赏他的篮球风格，但绝不会有人对他的态度产生疑问。要问巴特勒为什么能始终保持认真的态度，以一个首轮末位的身份成为NBA巨星，答案就是不抱怨。

在巴特勒上大学的时候，还是个偶尔会抱怨的人，但一件事情让他认识到抱怨是没用的，并且让他终生难忘。那时候他已经是学校篮球队的一员了，每天都要在教练的督促下进行大量的训练。这一天，教练让他进行十组往返跑。途中，他觉得脚下有些不对劲，原来，鞋子被跑烂了。

巴特勒躺在地板上，等着教练来夸奖他。看他多努力啊，居然在训练的过程中跑烂了一双鞋子。没想到，威廉姆斯教练看到他的鞋子时，只是说了一句："起来，你还没跑完呢。"抱怨有用吗？没用，没有人会听。从那以后，巴特勒开始了自己不抱怨的人生。

在巴特勒以首轮第三十位被公牛队选中的时候，他没有抱怨，反而马上行动起来，进行大量的训练。他的做法让球队里的许多老将非常欣赏，曾经拿过NBA总冠军的理查德·汉密尔顿给了巴特勒许多帮助。

在球场上，巴特勒作为一名新秀只有很少的出场时间，他没有向教练抱怨，反而一直勤勤恳恳地完成教练布置给他的任务。公牛队的主教练锡伯杜非常看好这个从不抱怨，只会马上行动起来的新秀。他越来越关注巴特勒，三年以后，他就大胆地对记者说："巴特勒将来一定会成为全明星的。"

后来，热火队在巴特勒的带领下，一扫近年来的颓势，重返豪强的行列。这就是不抱怨、赶快行动起来的力量。

成长感言 ▶ .... •

　　人生中总是有很多不顺利的事情，莫名其妙的麻烦，被人小看，不被理解……虽然没有人愿意遇到，但却是不能避免的。在面对这些事情的时候，与其抱怨个不停，倒不如马上去找解决问题的办法。抱怨是没有意义的，不仅不能让你解决问题，还会浪费你宝贵的时间，破坏他人对你的印象。

成长课堂 ▶ .... •

如何改变爱抱怨的坏习惯

　　抱怨的坏处远远比人们想象的更多，特别是在心态上的影响，有些时候会改变整个事情的发展进程。既然抱怨是个坏习惯，我们就要想办法改正。那么，要如何去改正呢？

◆ 明白抱怨不能改善心情

　　有人认为，抱怨可以发泄不愉快的心情。把负面情绪都憋在心里的确对人是有害的，但是抱怨并不是发泄的途径。想要摆脱不愉快的心情，遗忘负面情绪才是解决的办法。抱怨会一遍又一遍地重复不愉快的过程，最终让这件事情根深蒂固地深植于脑海中，让情绪越来越差。

　　对于不能解决的问题，就要选择一些轻松舒缓的方式来摆脱问题带

来的坏心情，进而将其彻底遗忘。而能够解决的问题呢，最好的办法就是马上行动起来，把问题解决掉。

◆ 制订完善的计划，严格执行

时间不等人，不管你遇到什么样的麻烦，进入了怎样的困境，时间都在不停地飞逝，一刻也不会停止。把宝贵的时间用来抱怨，这是多么奢侈的事情。如果我们能提前制订好计划，严格按照计划行事。即便我们遇到了糟糕的事情，也不会有时间去抱怨。

接下来你应该做什么，还有多少时间可以利用，这些在计划上都是明明白白地写着的。你多抱怨一分钟，做事情的时间就会少一分钟，就更加难以完成计划目标。只有马上行动起来，才能保证计划能够被实现，让每一分钟都被合理地利用到。

◆ 明白抱怨与有想法是不一样的

我们说不要去抱怨，不代表对所有的事情都要逆来顺受。有些时候我们的负面情绪来自麻烦，而有些时候却是来自不公平、不正常的事情。我们不应该抱怨自己遇到的麻烦，但对于那些不公平、不正常的事情，不该默默忍受，而是要提出自己的想法。

抱怨和有想法是截然不同的，抱怨只是在不断重复这件事情对你造成了多大的伤害，为你带来了多少的麻烦。而有想法呢，重点不在于现在事情怎么样了，而是着眼于未来，想着如何去改善当前的情况。

总之，改掉爱抱怨的坏习惯，最重要的就是行动起来。不管是明白抱怨的本质、制订并严格执行计划，还是用解决问题的办法替代抱怨，根本上都是停止抱怨，行动起来。抱怨带来的只有坏处，是麻烦带来的二次伤害。在停止抱怨那一刻，事情就已经在开始变好了。

唯一不会辜负你的就是勤奋

　　我未曾见过一个早起、勤奋、谨慎、诚实的人抱怨命运不好；良好的品格，优良的习惯，坚强的意志，是不会被假设所谓的命运击败的。

——美国开国元勋之一本杰明·富兰克林

　　在这世界上，唯一不会欺骗你的，不会辜负你的，就只有你的勤奋。

　　晓春是个在农村长大的孩子，他的家庭十分贫困，为此他中学刚刚毕业就出来打工了。他没有技术，学历不高，也没有什么力气，这让他的求职之路充满了艰辛。处处碰壁已经是常态，吃不饱、穿不暖的日子也占了半数。每当夜晚来临，想到自己要回到那个挤得像沙丁鱼罐头一样的出租屋时，他的内心就满是悲哀。华灯初上，许多人快乐地生活着，自己却连个像样的立足之地都没有。自己的一生难道就这样子过了？这是晓春绝对不能接受的。

一次，晓春在报纸上看到一个机械厂发布了招工广告。他知道自己不懂技术，甚至字都认不全。但此时他已经山穷水尽，再不赶快找一份工作，下个月连那个拥挤的出租屋都不再有他的一张床。于是，晓春硬着头皮前去应聘了。

幸好，机械厂是在招聘搬运工人。这份工作不需要学历，也不需要技术，只要够勤快，肯出力气就可以了。每天的工作都非常辛苦，但晓春仍然不断寻求着更进一步的机会。很快，命运第一次眷顾了他，生产线上缺一个工人，最年轻的晓春被选中，顶了上去。

在生产车间，晓春算是开了眼界。原来现代化的工厂一切都是由电脑控制的，自己一点都不懂，恐怕在生产车间干不长。下班以后，他赶紧去书店买了几本相关书籍，一点点啃了起来。有不懂的地方，白天就去问生产线上的老师傅。幸好他年纪不大，记忆力还不错，很快就学到了许多知识。没多久，勤快又肯学习的他就被提拔为生产管理助理。又过了三年，公司发生人事变动，他居然被上司看中，提拔为生产科科长。他是公司最年轻的科长，人人都觉得他前途无量。

就在晓春被工厂里许多员工羡慕的时候，他却做出了一个让人们难以理解的举动，他辞职了。工厂再三挽留，并且表示要给他加薪，他还是坚决表示要辞职。原来，晓春早就打定了主意，要凭着自己的技术，开一家机械废料回收厂。在机械厂的几年里，他节衣缩食，已经有了一笔积蓄，如今他打算大展宏图了。

在机械厂的几年里，他交了不少的朋友，其中有机械厂的领导，也有其他同行。如今，这些人都是他的客户。短短几年的时间，他的生

意就风生水起，收益不菲。有人问晓春，如今你已经是个老板了，接下来还要做什么呢？晓春告诉他，勤奋和努力永远都不会辜负自己，但停下脚步危机就会接踵而来。他打算去学习国际上更加先进的废料回收技术，把自己的工厂开得更大。

成长感言 ▶

　　勤奋永远都不会欺骗你，不管你的天赋如何，你的勤奋总是会有收获。天赋高的人，同样的时间获得的收获更多，勤奋的人可以更加努力，通过勤奋来获得与那些天赋异禀的人不相上下的收获。依赖天赋，总是会遇到天赋不够，精神松懈，没能坚持等问题，勤奋的人则不会。

　　因此，那些勤奋的人，往往比天赋异禀的人更容易获得成功。如今那些科技界、金融界的成功者们，更喜欢把自己的天赋展现给其他人。如果能对他们有足够多的了解，你就会发现他们每一个都是工作狂，勤奋程度远超常人。

成长课堂 ▶

勤奋不会辜负你，但你自己会

　　靠勤奋努力来提升自己，这是最直观、有效、稳定的方式，也是最多人尝试的方式。然而，有些人通过勤奋把自己提升到了想要的高度，还有些人却一无所获。那些一无所获的人，认为自己被世界抛弃了，认为即便是勤奋努力仍然不能获得成功，"天道酬勤"不过是一场虚假的骗局。是勤奋真的辜负了你？还是你自己辜负了自己呢？实际上，勤奋也要分真假，你用虚假的态度面对勤奋，勤奋只能回报你虚假的收获。那么，要如何避免自己陷入假勤奋的状态里呢？

◆ 出工不出力是最可怕的敌人

在成年人的世界里，很多人想要逃避工作的辛苦，又想要得到工作的酬劳，这个时候就会选择出工不出力的方式。人在工作岗位上，却神游天外，做自己的事情。这样的做法放弃了自我进步，是不折不扣的混日子行为。

在工作的时候出工不出力可以骗到薪水，在尚未踏上工作岗位的时候，在学习的时候出工不出力又是为什么呢？这是为了自我欺骗。有的学生想要更好的成绩，于是就坐在椅子上，打开书做出一副努力学习的样子。实际上，脑子里想的事情与学习完全无关。学习成绩上不去，作业做不完，自己的良心也不会受到谴责，总是用天赋不行来欺骗自己。这样做的人不在少数。

◆ 在需要勤奋的地方勤奋

通过勤奋来提升自己的短板，是进步的主要方式。但是，有些人在勤奋的时候往往没有找到重点，就好像泼水一样，星星点点地落了一地，却没能真正湿润任何一块地方。

这是很多人在学习的时候都会犯的错误，数学成绩不好，就把今年学过的所有内容都重新复习一遍。这样够勤奋吗？当然够。但结果如

何呢？收效甚微。数学成绩不好，要先找到根本原因，是哪块知识不明白，哪些类型的题目经常做错。找到了以后，再朝着这个方向努力，补充自己的不足，才能获得提高。否则，把大部分的勤奋都用在自己并不缺少的地方，怎么能获得提升呢？

第三章

谦虚——谦谦君子，用涉大川

◇◇◇

　　谦虚不仅是美德，是文明的表现，而且谦虚有更加深刻的意义和作用。不管是警示自己还是向他人展示，谦虚总是有效的工具。

这个时代，谦虚真的已经过时了吗？

　　谦虚是不可缺少的品德。

——法国思想家孟德斯鸠

　　谦虚与骄傲的问题一直是我们从小就要接受的教育。谦虚使人进步，骄傲使人落后，也一直被当成金科玉律。随着时代的变化，有许多人对这个问题提出了新的看法，那就是人需要一点骄傲，谦虚已经过时了。那么，谦虚真的过时了吗？我们先来看一个故事。

　　在某个国家有一个骑士，他武艺精湛，头脑灵活，在军队里出类拔萃。他严格遵守着"骑士精神"中的种种规定，特别是谦虚这一条，成为了指导他人生的重要准则。军队里的将军年纪已经很大了，眼睛不能像过去那样能将庞大的战场尽数收入眼中，耳朵也不能像过去那样听得见战场上的风吹草动。老将军觉得自己该退休了，就告诉国王，

让年轻的骑士成为新的将军，带领军队保卫国家。

国王早就听说过这个骑士，于是就召见他，对他说："将军已经十分老迈，打算退休了。对于下一任将军的人选，他推荐了你。我也觉得你很合适，你觉得怎么样？"

年轻的骑士并没有答应，他推辞说："老将军比我强太多了，我还年轻，哪里有资格统领大军呢？"国王又再三劝说，骑士还是一如既往地谦虚，拒绝成为新的将军。国王见骑士不论如何都不肯答应，只好否决了老将军告老还乡的意见，让他继续统领军队。

没多久，就有敌人进攻这个国家。年老体衰的将军并没有轻易击败敌人的能力，只能跟敌人僵持不下。他每天竭尽所能寻找击败敌人的办法，但最终都没找到。几场战役之后，老将军居然因为忧虑过度而病倒了。

敌人知道老将军病倒的消息以后，士气大振，马上展开了凶猛的进攻。骑士所在的军队节节败退，眼见敌人就要攻入国家的都城了。这个时候，所有人都把希望寄托在了骑士身上，希望他能够带领大家反攻，击败敌人。没想到，骑士还是谦虚地表示，老将军只是生病了，很快就会好起来的，自己不能取代老将军的位置。

国家已经到了生死存亡的关头，老将军生病，骑士又不肯站出来带领大家，军队的士气低迷到了极点，国王觉得国家已经没救了。这个时候，一个士兵站了出来，告诉大家，奋力一搏的时候到了，战线背后就是都城，大家的妻子、儿女都在都城里，一旦军队战败，那么他们的家人都将成为敌人的俘虏。

虽然这名士兵的武艺不如骑士，头脑也不如骑士聪明，但他站出来大大激发了士兵们的勇气。很快，军队在这位士兵的领导下，重整旗鼓，一鼓作气地将敌人赶出了国家。

国王得知这件事情以后，叹息着说："骑士还真如他自己所说的，不配当这个将军。"这一仗之后，士兵就成了新的将军。至于骑士，在人们口中变成了"胆小的骑士"。

谦虚过时了吗？谦虚是人类一种美好的品德，永远都不会过时。但是，凡事都要有度，谦虚过了头，就会失去机会，甚至让人觉得你真的缺少能力。

成长感言 ▶

我们需要保持谦虚，但当遇到问题的时候，还是需要挺身而出的。谦虚是一种鞭策自己不断进步的态度，而不是退缩的理由。谦虚不等于胆小，承认自己有所不足，不代表要在困难面前止步不前，更不代表我们不能承担责任。

成长课堂 ▶

找到胆小与谦虚的那条分界线

既然我们要做谦虚的人，又不能让别人觉得我们胆小，就需要找到那条分界线。可千万别因为谦虚，被人当成了胆小鬼。更不能因为谦虚，错过了本该属于自己的机会。那么，这条分界线在哪里呢？

◆ 以是否敢于承担责任为分界线

每个人都有属于自己的社会角色，需要承担一定的责任。对于未成年人来说，在学校里、家庭里，也有需要自己扮演的角色和承担的责任。付出的越多，承担的责任就越多，扮演的角色也越是重要。

我们谦虚，代表认识到自身在某些方面是不足的。但也需要表现自己的能力，扮演更加重要的角色，成为更优秀的人。这些事情不用太大，也不需要你做到最好，只要去做了，不管你如何谦虚，都没有人会觉得你是个胆小鬼。例如，在学校召开运动会的时候，参与到某个自己还算擅长的项目中去。又或者说，在班委选举的时候，去谋求某个干部职位。

在家庭里，帮父母做一些力所能及的事情，哪怕只是跑腿，或者是处理一些日常事务。这样不仅能让父母开心，更能表现自己是有能力承担责任，并且敢于承担责任的。

◆ 以去往不同的方向为分界线

谦虚是在承认自己的不足，是为了今后能不断前进，能走得更远。而胆小，是为了退缩，为了远离那些能让自己展现不足的地方。可以说两者是从同一个地点出发的，但谦虚则会让人不断完善自己，逐渐走向成功。而胆小则会让自己停留在自己擅长的领域里，维持舒适的感觉。舒适感的确让人难以自拔，但对进步一点帮助都没有。

例如，谦虚的人在承认自己某一学科并不好以后，会努力去学习，争取让自己的这一科目能追上进度。胆小的人面对同样的情况，只会努力去学其他科目，让自己其他的科目变得更好，这样既能让自己的平均成绩不落下太远，又能躲开自己不擅长、不喜欢的科目。两者在短期内取得的成效差不多，但前者的上限更高，当短板被补足以后，就能取得更优秀的成绩。而后者不断提高自己更擅长的东西，很快就要遇到百尺竿头难进一步的窘境。想要再提高成绩，是非常困难的。

有些东西的研究是没有止境的，待在自己擅长的区域，专攻某一方面看起来是更好的选择。实际上，"它山之石，可以攻玉"，当某一方面的研究进入困境时，就可以从其他方面获取灵感，帮助自己打破困境。所以，万万不能将这一点当成自己胆小的借口。

你人生的"天花板"在哪里?

当我们大为谦卑的时候，便是我们最近于伟大的时候。

——印度诗人泰戈尔

人与人之间的差距有多大? 谈到这个话题的时候，人们往往会列举出许多成就不同的人，贫富不同的人，社会地位不同的人，来说明人与人之间有着多么大的差距。那么，差距的来源是什么呢? 从生理构造上来说，人与人之间几乎没什么不同，而最后变成各种各样不同的人，有着多种多样的原因。家庭环境、教育程度、接受的思想、个人经历，都是形成这些差异的原因。有些人一眼就能看出他最终能成为什么样的人，知道他的天花板在哪里。而有些人，则每次都能给你新的惊喜，让你觉得他是没有极限的。这其中最大的区别，就在于对于生活的态度。

骄傲的人在登上高峰以后，眼睛是朝下看的。他们滔滔不绝地向山下的人讲述自己的丰功伟绩，夸赞自己的伟大；而谦虚的人登上高峰以后，眼睛依然是朝着上面的，因为上面还有更高的山峰。

只有看见更高山峰的人才能爬上去，眼睛朝着下面，连更高的山在哪里都不知道，又如何能爬上更高的山峰呢？

英国的小镇上有一个知名的鞋匠，他做的靴子是全英国最好的，不仅美观、耐用，而且非常合脚。人人都说穿他的靴子是一种享受，因此他的订单绵绵不绝。鞋匠的年龄越来越大，订单也越来越多，他感觉自己有些力不从心了。于是，老鞋匠找了两个徒弟，师兄性格沉稳，为人谦虚，不擅言谈。师弟性格活泼，聪明伶俐，能说会道。两人帮了老鞋匠几年，算是把本事都学会了。老鞋匠呢，也因为年事已高，开始养老。

离开老鞋匠以后，两个徒弟各自开了属于自己的鞋店，开始接手老鞋匠之前的顾客。能说会道的师弟认为自己和顾客的交情都不错，自己的鞋店一定比师兄的客人更多。令他没想到的是，许多人认为师兄踏实可靠，肯定平日里比师弟更用功。结果，开业一段时间，两家的顾客居然相差无几。

两人的生意都不错，他们很快就富裕了起来。但是，手工制鞋这一行业却存在着巨大的危机。随着工业革命的进行，越来越多的机器出现了。这些机器在各行业取代了传统手艺人的地位，让这些人失去了谋生的手段。

面对来势汹汹的机器冲击，师兄认为，自己应该精进技巧，让自己制作的鞋子在某个方面是不可替代的。并且，还要加快制鞋的速

度。按照传统的方法，一个月也做不了几双鞋，到时候势必会被机器击败。师弟则不这么想，他认为机器就是机器，做出来的东西不会比手工的更好，何况自己的手艺小镇第一，即便是能制鞋的机器出现了，自己也不会失业。于是，师兄很快就改进了传统的制鞋工艺，虽然在质量上稍有下降，但制鞋的速度快了很多。师弟则保持原样，自信可以战胜机器。

一段时间以后，由机器制造配件，再进行拼合的鞋子出现了。这种鞋子如同师弟所想，质量并不太好。但是，人工成本极低，制造速度也快，没多久就抢占了小镇的市场。师兄制鞋的速度虽远远比不上机器，但还是比师弟快得多。于是，师弟的鞋店变得门可罗雀，不久就倒闭了。师兄在坚持了一段时间以后，又不停改进自己的技术，把自己手工制作的鞋子变成了高档、上流的象征，他的店也成为了小镇最知名的店铺。

成长感言 ▶

谦虚的人总是知道自己的问题在哪里，进而不断去寻找让自己变得更好的办法。在这个过程中，天花板就会不断地拉高。通过不断地拉高天花板，不断地触摸天花板，他最终也会成为一个强大的人。骄傲往往伴随另一个词——自满，认为自己已经足够好了，也就不会再去花时间提高自己。那么，摸到天花板的那一刻，就已经是极限了。等到更强大的对手出现，或者需要更强的能力才能解决问题的时候，骄傲的人才会发现，自己所以为的强大，并不是真正的强大。

别让骄傲限制了你的天花板

已故的 NBA 巨星科比·布莱恩特曾说过，"我不会给自己设定上限"。的确，在这个世界上有许多人创造过奇迹，这些奇迹是常人不敢想象的。决定人能力天花板的事情除了勇气，除了不满足外，还有骄傲。如果你骄傲自满，那么当前你所达到的状态，就已经是你的上限了。而如果你足够谦虚的话，就不会触碰到自己的天花板。

人人都知道骄傲自满是不对的，但骄傲情绪总是在人们察觉不到的地方悄悄滋生，在你尚未察觉的时候限制了你的进步。那么，要如何才能判断自己是否陷入了骄傲自满情绪呢？觉得自己最好这一点自不必说，除此之外还有其他几种表现。

◆ 找不到该学习的对象

"三人行，必有我师焉"，这句话告诉我们，每个人身上都有优点，都有值得我们学习的东西。如果我们看不到对方身上有任何长处，就说明我们在内心已经默认自己在所有的方面都超过对方了。事实真的是这样吗？并不是没有这种概率，只是非常低。但如果你觉得身边的每个人身上都没有你学习的地方，那这问题就很大了。毫无疑问，此时你已经陷入了骄傲自满的情绪当中。

我们要学会看到别人的优点，认识别人的长处，不断汲取新的知识，这样才能在解决问题时总是找到新的方法。骄傲自满只会固化我

们的思维方式，最终让我们被那些擅长学习的人击败。

◆ 觉得自己可以把学习的时间用到其他地方

学习是一件成本很高的事情，想要不断进步，就必须花费时间和精力，全神贯注地进行。如果你突然觉得自己好像可以把学习的时间拿去休息、娱乐、社交，这就说明在潜意识中，你认为自己已经不需要学习了。

产生的这种情绪，毫无疑问就是骄傲自满。学无止境，不管是学生时代还是将来走上社会，固定学习充电的时间都必不可少。我们不是说人不该有休息的时候，不应该有娱乐，而是强调要把学习变成一种习惯，没有意外情况的话就不应该挪用学习的时间。

别把谦虚当作虚伪的客套

最大的骄傲与最大的自卑都表示心灵的最软弱无力。

——荷兰哲学家斯宾诺莎

　　谦虚是一种美德，在正常情况下，人们都应该对谦虚的人抱有好感。然而在生活当中却不是这样，有人经常觉得自己已经表现得很谦虚了，但却还是不被人喜欢，这是为什么呢?

　　有一个遥远的沙漠国家，这个国家非常富有，有许多商人组织商队，用骆驼把商品从一个国家运到另一个国家。在这个国家里，有一个商人非常富有，国内有一半的商队都属于他。他拥有富可敌国的财富，每天都要喝最新鲜的牛奶，用纯银的餐具，佩戴最美丽的珠宝，再乘坐八个仆人抬着的轿子，出门巡视他多达几条街的店铺。每次跟人说话的时候，他都要炫耀自己无尽的财富，炫耀自己奢侈的生活。

商人虽然衣食无忧，但却不是很开心。他发现不管是自己的仆人，商队里的伙计，还是城里的其他人，都只是表面上对他客气，背后却经常说他的坏话。他有如此多的财富，难道不配获得别人的尊敬吗？于是，他找到了城中最有智慧的老人，向他询问如何才能成为一个受人尊敬的人。老人告诉商人，那些善良的、谦虚的、喜欢分享的人才能受人尊敬。

商人想了想，善良就要多关照跟他合作的商人，对自己手下的伙计好一些，这样会减少自己的收入，不能做。至于把自己的财富分享给别人，更是不可能的。至于谦虚，自己还能尝试一下。但是，要在谁面前谦虚呢？跟认识的人谦虚，没什么意思，毕竟人人都知道他有数不清的财富。跟穷人谦虚，就更没什么意思了。只有跟陌生人谦虚，还有那么点意思。

这一天，富商在出行的时候，遇到了一个陌生人。这个陌生人身边簇拥着许多随从，一看身份就十分尊贵。但商人并不担心，因为他知道，自己就是这个国家最富有的人。

富商来到陌生人的面前，热情地对陌生人说："远道而来的陌生人，欢迎你来到我们的国家。"

陌生人听了富商的话，笑着问富商："感谢你的欢迎，但是你又是谁呢？"

商人回答说："他们都说我是这个国家最有钱的人，其实我哪里是啊，都是谬赞。"

陌生人似乎对商人的话产生了兴趣，问他说："你不是这个国家最有钱的人，他们为什么要这么说呢？"

商人回答说："因为他们不知道，国王才是最有钱的人。我每年辛辛苦苦也赚不到几个钱，最后还不是都进了国王的腰包。"

陌生人皱了皱眉，对他说："你觉得国家的税收太多了吗？"

商人拍拍肚皮，回答说："确实太多了，特别是人头税。我家中的奴仆多到数不清，每年这人头税就是一大笔钱。幸好我的几十个账房精明能干，总是能想办法缴最少的税。"

陌生人眼神锐利地问商人："你这样做就不怕税务官找你的麻烦吗？"

商人苦着脸说："当然怕，幸好本地的官员大多都是我的好朋友，有他们帮忙，我这日子才勉强过得下去，家里的几万头牛羊才有人照顾，不用挨饿……"

陌生人没等商人说完，就气哼哼地带着人离开了。商人一头雾水，自己明明已经很谦虚了，为什么还是惹人不高兴了呢？自己不仅有官员朋友，有几万头牛羊，还有大量的土地没说呢。

第二天，就有士兵冲到商人家里，抓住了商人。原来昨天那个陌生人，就是微服出巡的国王。他命令严查商人缴税的情况，并且抓捕了那些帮商人开后门的官员。没多久，商人就迎来了公正的判决，他缴纳了一大笔罚款，险些身无分文。从那天开始，即便商人不谦虚，大家也知道他过得真的不怎么样了。

成长感言 ▶

谦虚就是谦虚，万万不要觉得谦虚上几句别人就会看不起自己，更不要借着谦虚的机会向别人炫耀。这样不仅不能让别人觉得你是个虚

心的人，反而会更加地讨厌你。这样的行为远比一般的骄傲更加有害，一定要避免让谦虚变成虚伪。

成长课堂 ▶

让谦虚变成虚伪的几种原因

把谦虚变成虚伪，并不是每个人都想要这样做的。有些人是存心想要借着谦虚的外衣炫耀自己的成绩，而有些人真的是因为语言的使用上出了问题，才不小心把谦虚变成了虚伪。如果不存在想要炫耀的想法，却被人讨厌了，是不是很冤枉呢？我们在这里列举一些原因，我们以后在表达谦虚的时候要尽量避免这些情况的发生。

◆ **认清自己被称赞的时候是不是已经超越了平均水平**

在自己被称赞，打算说几句谦虚的话的时候，一定要正确估计平均水平这回事。你得到了称赞，必然是因为表现超过了常人。一旦在谦虚的过程中，表示自己做得还不够好，应该能做到更好，这就有些虚伪了。

例如，在被人称赞考试成绩优异的时候，要是说"哪里哪里，我这次也没有考好，平时都是考满分的"，这种情况就是虚伪了。真正的谦虚，会这样说"哪里哪里，我平时成绩也很一般，这次真的是超常发挥，加上运气不错，才有这样的成绩"。

◆ 出现过多具体的描述

谦虚往往只需要说出好坏即可，不需要去具体描述你"糟糕"的成绩。越是具体描述，就越是有想要炫耀的意思。特别是别人不如你的时候，你描述得越具体，表现得越谦虚，对方就越是觉得你虚伪。例如："这次考试我才考了 93 分，考得太差了""我这新手机挺便宜的，才 8000 多"。

◆ 把一件人人都羡慕的事情说成是自己的烦恼

人的喜好、烦恼，并不相同。因此，某件事情对你来说可能是烦恼，但却可能让其他人非常羡慕。这样的谦虚只能招致其他人的反感，而不是让人感觉你是个谦虚的人。例如，你对同学们说："我的文具怎么这么多啊，每天整理起来麻烦死了。"

谦虚只有在正确表达的时候才是真正的谦虚，否则，就会被人当成虚伪的客套。其中的种种错误千万要记牢，别一个不小心就被人冤枉了。

发现不足，才能迈向圆满

一个人知道了自己的短处，能够改过自新，就是有福的。

—— 英国剧作家莎士比亚

世界上有完美的人吗？或者说，有在哪个领域当中达成了后人无法超越的成就的吗？显然是没有的。即便是古代的圣人，在经历了时代的不断发展后，他的某些想法也会有些落后，显得格格不入。我们不是圣人，自然更不是十全十美的。因此，想要快速进步，最好的办法就是发现自己的不足，找到自己的那块短板。

富兰克林是美国独立战争的领导人，是《独立宣言》的起草者，是美国开国元勋之一。然而，这些不过是他在政治方面取得的成就而已。在政治之外，他还是一位伟大的物理学家，著名的风筝实验就是他做的。也正是因为这次实验，他发明了避雷针。在文学、外交、哲学方面，他也都颇有建树。

富兰克林在众多领域当中都取得了成就，但是，他在年轻的时候却并非如此优秀。他是家中的第十五个孩子，就因为父亲无力支付他的学费而退学，回家帮父亲制作蜡烛。12岁的时候，他进入了哥哥开设的一家小印刷厂做学徒，并且一做就是12年。

富兰克林对成功有着无比的渴望，他明白，自己想要成为一个成功的人，就必须要学习知识。于是，他刻意与书店的伙计交好。书店的伙计每天晚上都会帮富兰克林把他想要看的书从书店借出来，让他读上一个晚上，等到早上再还回去。

阅读开阔了富兰克林的视野，让他开始思考许多自己过去从来没有想过的事情，其中就包括如何成功。一个几乎没上过学，只读过书的孩子，距离成功是非常遥远的。不仅有客观条件的限制，自身性格上也有许多东西阻碍他成功，其中最严重的一项就是骄傲自满。

富兰克林16岁的时候，印刷厂开始印刷报纸。富兰克林就用笔名偷偷地向报纸投稿，然后以学徒的身份站在专家身边听着这些专家称赞自己的文章。没多久，富兰克林的骄傲自满就达到了一个巅峰，这让他认为自己是个注定要成功的天才，让他看不到自己身上存在的任何缺点。他喜欢在和朋友一起的时候宣讲自己的想法，一旦有人和他有不同意见，他就会与对方激烈的辩论，直到获胜为止。就这样，他身边的朋友越来越少了。

一位朋友实在看不下去了，他用尖酸刻薄的方式告诉富兰克林："你知道的可真多，谁还能教你什么呢？谁又有什么配跟你分享呢？反正跟你分享，你又会和他们争论，告诉他们这是错的。他们觉得费力

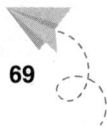

不讨好，争吵还会搞砸交谈的气氛。现在你满意了吧，没有人愿意跟你分享新的东西了，靠着你有限的旧知识活着吧。"

这几句话对富兰克林来说无疑是晴天霹雳，他开始从骄傲自满的情绪当中走出来，审视自己是否真的那么完美，是否存在着什么问题。这次自我审视的结果是惊人的，总结起来就是，富兰克林发现自己是个傲慢自大、野蛮粗鲁、讲话滔滔不绝、奢侈浪费，有时候为了在辩论当中获胜，会说些模棱两可的话的人。

原来自己身上有这么多缺点，却还以为自己是天下第一。富兰克林有些无地自容，但他马上振作了起来，为自己立下了许多规矩。其中最重要的一条，就是要谦虚。从那天开始，富兰克林发现他朋友们的许多观点并不像他之前所想的那样一无是处，很多观点在当前环境中可能不怎么适用，却还是有道理的。也正是在这段时间里，他学会了吸收他人思想上的长处，为自己日后的成功奠定了基础。

成长感言 ▶

只有不断发现自己的不足，进而去弥补这些短处，才能让自己获得提高。就如同水桶理论说的那样，做成水桶的木板当中，最短的那一块决定了水桶能装多少水。短板越长，装的水就越多。有些人认为，只要换个角度来看，把木桶倾斜过来，决定木桶能装多少水的就是那块长板。的确如此，但加长长板取得的收益远远不如弥补短板来得多。

如何找到自己的那块短板

想要弥补自己的不足，就要想法找到它。但是，人生当中最困难的几件事情，就包括认识自己。如果认识自己是一件简单的事情，那就不会有那么多人因为骄傲自满吃大亏了，难道不是吗？在这里，我们就来列举几种可用来发现自己短板，认清自己不足的方法。

◆ 做表格有利于认清自己的缺点在哪

每个人可能都想过自己到底有什么缺点，到底有多少缺点，这种思考对于我们成为更好的人是有帮助的。但是，思考出来的结果能记得多久呢？下一次想起又是什么时候呢？只记得那些比较大的问题，小的问题就要抛在脑后吗？

而做个表格的话，我们就能完全改善前面提到的几个问题。把自己的缺点逐条列出来，放在自己每天能看见的地方。这样每次看到都能提醒自己，不能骄傲自满，不能松懈。每改掉一条缺点，就可以画掉这一条，告诉我们经过努力已经取得了一些成绩。这样大的缺点改掉了，小的缺点也可以着手进行改正。当我们察觉到有以前没有发现的问题时，也可以及时加上去，避免出现疏漏。

◆ 向身边的人求助

一千个人眼中有一千个哈姆雷特，在每个人的眼中你也不可能是

完全一样的。每个人的眼中都有一个不同的你，看到的角度各不相同，看到的优点和缺点也大不一样。我们不妨逐个去询问那些与我们亲近的人，看看自己的优点和缺点都有什么。

与我们越是亲近的人，就越是有可能会包容我们的缺点，只说优点，这样是难以让我们进步的。那些和我们不太亲近的人，也可以成为我们求助的对象。看看我们在他们眼中是什么样的，再去思考出现这种情况的原因，从中找出存在的问题。

在这一过程中，可能会出现因为对我们不够了解而做出偏颇的判断，也可能出现我们自己完全没有想过的真相。因此，我们要做到有则改之，无则加勉，不要忽视任何一条建议。

◆ 寻找隐藏在现象背后的真相

在我们觉得某件事情做得不好，需要改进的时候，往往问题并不是这件事情本身。如果不解决掉事情背后存在的问题，那么类似的问题就会不断地出现，对我们造成持续的困扰。

例如，我们跑步的成绩低于班级里的其他人，面对这个问题的时候，是只需要练习跑步就可以的吗？可能是，也可能不是。造成跑步成绩落后的原因，可能是因为我们平时很少跑步，所以不得要领。也可能是因为懒惰，总是找机会躲避体育锻炼。又或者是因为不喜欢任何运动，导致身体状况欠佳。一件存在不足的事情的背后总是有着许多原因的，只有从根本上改正不足才能进步。

第四章

好学——学无止境，才能"强"无止境

◇◇◇

变得强大是每个男孩都渴望的事情，那么如何才能变得强大呢？最好的办法就是学习。把学习变成一种习惯，为自己的人生积累更多的资本吧。

学习是人生最酷的一件事

我认为努力学习直到生命的最后一刻是美好的事。

——法国思想家让·雅克·卢梭

作为一个男孩，"酷"是一定要追求的。或许"酷"在如今略显过时，但其内涵本质上却从来没改变过。从魏晋风流，到 20 世纪末的摇滚、朋克，再到如今的多元化发展，从亚文化到正能量，都能找到"酷"的影子。你觉得什么才是"酷"呢？最酷的人是什么样的人呢？其实，学习才是人生最酷的一件事。

别疑惑，也别急着反驳，学习可不是指变成书呆子。年轻人所崇拜的那些最酷的人，也是离不开学习的。被称为挪威"文坛贵公子""乐界摇滚巨星""欧洲罪案小说天王"的尤·奈斯博的经历就很好地证明了这一点。

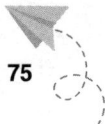

奈斯博出生于一个十分热爱书籍的家庭，母亲是图书管理员，父亲很喜欢给孩子们念书。但是，奈斯博却没有想过要向文学发展，他想成为一个足球运动员。刚刚升上高中的奈斯博经常逃课，把时间用在练习踢足球上。没多久，他就以高中生的身份加入了挪威甲级联盟的"意志"球队。

作为一名出色的足球运动员，奈斯博想要加入更大的联盟，于是他计划前往英国加入大名鼎鼎的热刺队，成为一名足球明星。没想到，一次意外终止了他的运动生涯，他的十字韧带撕裂了。

不能成为足球运动员，奈斯博能做什么呢？他一边服兵役，一边拼命学习高中知识，最终以最顶尖的成绩获得了高中毕业证，进入了挪威大学的经济管理专业学习。在大学里，奈斯博对音乐产生了浓厚的兴趣。于是，他在完成课程的同时，还学习了音乐方面的大量知识。

毕业以后，成绩优异的奈斯博进入一家金融机构，成为了人人都羡慕的"金领"。从事金融行业的确收入不菲，但工作起来却很无聊。奈斯博在大学学习的音乐知识派上了用场，工作之余，他就写一些歌来娱乐自己。没多久，他认识了一位年轻的贝斯手，组建了他们自己的乐队。

乐队发展得非常顺利，短短两年，他们就发行了专辑。其中第二张专辑，成为当时挪威销售最火爆的摇滚乐专辑。他们的演唱会门票，短短几个小时就被狂热的粉丝哄抢一空。奈斯博就这样从一个"金领"变成了摇滚明星。

当个大明星，在聚光灯下看着热情的粉丝为自己欢呼，这或许是许多人的梦想，但却不是奈斯博想要的。正巧，此时有一位女士希望他能写一本关于乐队的书。于是，他买了一台笔记本电脑，坐上了前往澳洲的飞机，打算一边度假，一边写作。

奈斯博在学习高中课程的时候，还阅读了大量的小说，学习了许多写作技巧。飞机有 30 个小时的航程，既然这 30 个小时不能用来干别的，那为什么不尝试创作属于自己的作品呢？于是，在飞机上他构思了自己的处女作《蝙蝠人》。

从 1997 年到 2017 年，奈斯博共创作了 18 本小说，全部上了挪威畅销书排行榜，斩获无数欧洲大奖。他创造的哈利·霍勒警探，也成为了欧洲罪案小说中最经典的形象之一。

从足球运动员到"金领"，再到摇滚明星，再到罪案小说作家，奈斯博从事的每一项职业都非常的"酷"。但这一切，都是建立在他拼命学习的基础之上。可见，认为学习不酷，这是不折不扣的偏见，学习是人生当中最酷的事情。

成长感言 ▶

没有谁在来到这个世界上时就已经很强大了，那些英雄、领袖、成功者，之所以能名留青史，除了天时、地利、人和的因素外，自身的学习是最大的原因。历史上虽有许多记载，某人大字不识一个，却也能做出一番成就。大字不识只能说明对方缺少读书的条件，但不能认为对方就是不学习的。就拿明末农民起义的领袖李自成来说，他虽然没读过什么书，但是他非常喜欢看戏，听评书，并且每次都要总结心得，用来启发自己。

成长课堂 ▶

如何感受学习的"酷"

想要感受学习的酷，就要有一双能带你发现酷的眼睛。如果你从以下几个角度来看学习，你就会觉得学习简直是太酷了。

◆ 学习能让你掌握其他人没有的技能

根据兴趣爱好不同，每个人掌握的技能也不一样。有些人会弹钢琴，有些人会打篮球，有些人会游泳，有些人会书法、画画。但是，这些技能毫无疑问都是通过学习才能获得。没有人能凭空掌握一项技能，更别说将其练到令人羡慕的程度了。

我们花时间学习不同的技能，不仅能磨炼自己的意志，陶冶自己的情操，更是能在适当的时候露一手。到时候，你自然是全场最闪亮的那个人，别提有多酷了。

◆ 学习能让你获得其他人不知道的知识

懂得大多数人都不甚了解的知识，毫无疑问是一件非常酷的事情。试想一下，你在和人聊天的时候，能通过在交流当中出现的某个词语、某个名字，讲出一个有趣又吸引人的故事、知识点，必然会给在场的其他人留下深刻的印象，被认为是个知识非常渊博的人。这种感觉，绝对不是不学习就能获得的。

◆ 学习能让你在大家都做的事情里获得胜利

　　人不管处在什么环境里都难以避免竞争。在学校，同学们互相帮助，又在学习上互相竞争。在球场上，战胜对手是最主要的目标，而成为球队当中最厉害的那个人同样令人神往。不管走到哪里，面对怎样的竞争都能获胜，这简直太酷了。

　　胜利、强大，这就是酷。而能为你带来这些的，能让你在大家都做的事情里脱颖而出的，毫无疑问是学习。如果你过去认为学习是一件不酷的事情，是时候扭转观念，重新审视学习能为你带来什么了。毕竟，学习是人生当中最酷的一件事情。

你的学习，就是人生资本的累积

我们的事业就是学习再学习，努力积累更多的知识，因为有了知识，社会就会有长足的进步。人类未来的幸福就在于此。

——俄国作家契诃夫

人生非常漫长，因为人生有几十年的时间，数着手指过，也是一段相当长的旅程；而人生又是非常短暂的，因为人生要分成几个不同的阶段，在每个阶段都有不同的任务。进入一个新阶段的时候，需要几年的时间来熟悉角色转换，又要用几年来摸索正确的道路。一旦这个时间过长，那么任务就会完成得并不完美。

青少年这一阶段几乎是人生中最重要的部分。这一阶段是世界观、人生观形成的阶段，这个阶段决定了在今后的人生里要如何与人相处，如何去做事。并且，在接下来的人生中所用到的知识，都需要在这一阶段打下基础。可见，青少年时期的学习，是对人生资本的重要积累。

2008 年，一部名叫《花开花落》的法国电影上映了。许多人看到这个名字的时候，首先想到的就是青春，然后想到的是爱情，然而都不是。这部电影讲述的是传奇收藏家威廉·伍德的一生。在电影里，有一个女佣，通过学习完成人生积累，最后一举成名。

这位女佣从小就喜欢绘画，可是，在 20 世纪初学习绘画和购买工具的花费并不是一个贫苦家庭出身的女佣所能负担得起的。女佣白天在贵族夫人家拼命地工作，而到了晚上，她就一个人静静地待在房间里，做她最喜欢做的事情。

她的颜料用完了，就去向商人赊欠。商人不肯赊欠给她，她就选择一切能找到的东西来充当颜料。河底的淤泥可以用来调黑色，路边的野草可以用来调绿色，教堂里烧完的蜡烛可以用来调灰白色，动物的血可以用来调红色……总之，她用一切能找到的东西充当颜料，无论如何，她都不愿意停止绘画。

几十年过去了，已经四十多岁的女佣仍然在贵族夫人家里辛苦地工作，但是她的画技已经很成熟，甚至是大成了。而就在这一年，收藏家威廉·伍德搬到了这里，成为了贵族夫人家的邻居。

这一天，威廉·伍德来到邻居家做客。宴会上，吸引他目光的并不是那些打扮光鲜亮丽的男女，不是琳琅满目的美食，更不是奢华的装饰、名贵的家具，而是在没人关注的墙角放着的一块上面画着苹果的木板。木板上的画是多么的美丽，多么的鲜活，多么的惊人啊。在威廉·

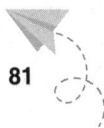

伍德得知，这幅画出自那个身材臃肿、着装脏乱而邋里邋遢的女佣之手时，震惊得合不拢嘴。

威廉·伍德当场掏钱买下了那幅画，他的举动让贵族夫人觉得他疯了。家里那个快五十岁还单身，疯疯癫癫，一天绘画教育都没接受过的女佣，值得这位发掘了卢梭、与毕加索等知名画家都是朋友的威廉·伍德关注吗？

事实上，威廉·伍德不只是买下了女佣的这一幅画，而是女佣全部的画作。他告诉女佣，虽然她没有接受过系统性的绘画教育，但她常年积累的经验和上天赋予的灵感非常惊人，他愿意资助女佣系统性地学习绘画，并且在巴黎为她举办画展。

由于战争、金融危机等问题，这场画展直到 1945 年才在巴黎召开。而此时，女佣已经去世三年多了。但这并不能阻止女佣名留青史，她就是朴素画派的代表人物之一——塞拉芬娜。

成长感言 ▶

人们常说条条大路通罗马，这其中的每一条路都离不开学习。学习能让我们不断积累经验，不断获得新的知识，这些东西在我们前往成功的时候，会变成一块块铺路的砖石，让我们更平稳、快速地抵达目标。

积累人生资本的注意事项

人人都知道知识是好东西，因此，在面对知识的时候人们往往会采取"来者不拒"的态度。通过学习积累人生资本的时候，知识在其中也是占有很大比例的。那么，来者不拒的态度就是对的吗？如果不对的话，要如何做出选择？积累之后又要如何处理呢？在这里，我们就来说一些积累人生资本时要注意的问题。

◆ 来者不拒也要有所取舍

知识的确是越多越好，但是每个人的时间与精力都是有限的，知识却是无限的。将有限的时间与精力拿去挖掘无限的知识，显得并不聪明。

在学习的过程中，有两个方向可以选择：一个是扩展宽度；一个是增加纵深。不管朝着哪个方向发展，根据边界效应，越是远离中心，越是把需要了解的知识扩展到了超越常识的范围，就越是难以学会。甚至某些知识，要花大量的时间与精力，才能弄懂其中的一条理论。

这样的知识如果不是我们人生当中必须要储备的，花费大量的时间与精力去学习显然不值得。只有学好了我们必须具备的知识以后，才能用多余的时间来研究我们感兴趣的东西，去扩展在某个领域的宽度、纵深。

◆ **已经储备好的人生资本，也要不时地回头看看**

世界上的一切都在不停变化，知识也是一样。随着人们对世界的不断认识，社会环境的不断变化，过去某些知识在如今已经不适用了，甚至直接被认为是错误的。我们要储备的人生资本，一定不能是错的。因此，在储备好知识以后，不能将其全然置之不理。不时地给予一些关注，定时查看一下新的动向，一直更新自己所储备的知识，这才是正确的做法。

找到方法，才能优化效率

> 明智的人决不坐下来为失败而哀号，他们一定乐观地寻找方法加以挽救。
>
> ——英国剧作家莎士比亚

　　工业革命对人类的发展有着非常重大的意义，究其原因，主要就是大量的机器解放了劳动力，提高了生产力，让人们有更加丰富的物质生活。提高生产力，指的就是在同样的时间里，机器所能生产的东西远比人工更多。可见，用不眠不休的机器替代工人，优化效率的方法，起到了巨大的作用。

　　任何事情都不能蛮干，在找到正确的方法之前，低效做事只是在浪费自己的时间与精力。而找到了正确的方法，就能让事情变得更轻松，能被更好地完成。磨刀不误砍柴工，说的就是这个道理。

　　史蒂夫·乔布斯是苹果公司的创始人之一，是 iPhone 的缔造者，是

许多人心中的偶像。而乔布斯能成功的一个重要原因，就是善于优化效率。

乔布斯在苹果公司的生涯并非一帆风顺，虽然当时苹果公司的畅销产品 Apple 系列电脑、Mac 都出自他手，但他蛮横的个性让上至董事会，下至员工的许多人都无法接受。于是，在乔布斯 30 岁的时候，他被迫辞职，离开了苹果公司。等到乔布斯再次回到苹果公司的时候，公司已经不复当年的风光，变成了一个烂摊子。财政上有严重的危机，产品方面也是千疮百孔。那么，乔布斯要如何才能拯救苹果公司呢？很简单，优化效率。

乔布斯发现，当时苹果公司的生产线有十几条之多，所生产的电脑规格各不相同，但销量却不怎么样，这极大地浪费了生产时间，降低了生产效率。工程师们要照顾十几种不同的产品线，根本不可能让每一种产品都变成消费者喜爱的精品。更可怕的是，居然还有大量各种各样的产品在计划开发中。这些产品一旦面世，苹果公司就要被这种低效的生产方式拖垮。

乔布斯当机立断，当即砍掉了绝大部分的产品线，只留下了四条生产线。同时调集绝大部分工程师，专心研究一款产品。短短一年时间，在乔布斯的带领下，iMac 就面世了。iMac 得到了消费者的承认，转眼就让苹果公司扭亏为盈。可见，优化效率是多么的重要。

1764 年，一位纺织工晚上下班回家的时候不小心踢翻了妻子的纺织机。这台纺织机可是家里重要的生产工具，纺织工的薪水十分微薄，如果这架纺织机坏了，家里的收入就要大大减少。纺织工赶紧蹲下身，打算把纺织机扶起来，查看是否有损坏。在他蹲下的一瞬间，一道灵感的火花从他的大脑中迸发出来。

纺织工看到，那架纺织机的轮子倒下以后，由于惯性的影响，仍然在转动。过去的纺织机，纱锭都是横着放的，因此一个纺轮只能带一个纱锭。如果把纱锭竖着放呢，一个纺轮就能带动好几个纱锭，纺织的效率岂不是一下就提升了好几倍！

纺织工第二天就着手制造可以竖着用纱锭的纺织机，造好以后一次能装八个纱锭。现在一个人，就相当于过去八个人的工作效率。这架全新的纺织机，就是影响了整个英国的珍妮纺织机。珍妮纺织机的出现被认为是英国工业革命开始的标志，导致英国生产力出现跳跃式的发展。

成长感言 ▶

找到一个合适的办法，让你做事情的效率提高数倍，这其中的收获是非常惊人的。因此，我们在学习的时候也不能只按照老师教你的办法来做。最好的教学方法是因材施教，但我们的老师往往要同时面对几十个学生，很难为你量身定制适合你的学习方法。所以，这件对我们大有裨益的事情，就要由自己来完成。如果你觉得学习效率不高，十有八九是因为用了不适合自己的学习方式。不要急着把知识灌入自己的脑袋里，找到适合自己的方法，就能轻松快速地达到目的了。

成长课堂

提高效率的几个小窍门

每件事情都有自己独特的做法，但都要遵循事物的发展规律。有一些符合事物发展规律的小窍门，如果能够掌握的话，就能提高做事情的效率。希望这些小窍门能给你启发，让你从中找到适合自己做事情的方法。

◆ 看清事情的全貌再行动

分段去做事情有利于在短时间内提高效率，但如果从长远的角度来看，有可能会做一些无用功。就好像照着地图走一段路一样，看一段走一段，很有可能走进死胡同。只有先把整个地图看一遍，才能发现最适合通往目的地的那条路。

一心求快会看不清事情的全貌，反而会降低效率。只有掌控了事情的全貌，才能找到事情的最佳切入点，找到方法，提高效率。

◆ 有计划地做事能减少出现问题的概率

天有不测风云，事情在进行的时候总是难免出现意外。做计划也不能保证万无一失，但是按照计划做事能大大降低出现问题的概率。特别是在做计划的时候，还要做预案。

这些额外的预案主要是针对出现问题的时候要怎么做，针对不同的问题准备不同的应对办法。这样当你遇到麻烦的时候，就能在第一时间解决问题。既能避免面对突如其来的状况时自己手忙脚乱，又能在第一时间行动起来解决问题。避免降低效率的问题出现，自然就能提高效率。

◆ 要用让自己有所收获的方式，而不是最快的方式

　　人人都讨厌做机械性的、重复性的工作，认为这些工作除了让自己辛苦之外毫无意义。然而，在学习的时候这些工作起到了帮助记忆的作用。例如，老师布置抄写单词的作业，所起到的作用就是这个。

　　面对这种情况，求快成为了常规的选择。在抄写单词的时候，先把每一列前几个字母写上，这样的确可以用最短的时间完成抄写，但是这样的做法起不到记忆的作用。按照正常的抄写方式，虽然麻烦，花费的时间较多，但却真的对记忆单词有所帮助。

每一次进步都弥足珍贵

进步，意味着目标不断前移，阶段不断更新，它的视野不断变化。

——法国作家雨果

　　进步是一件令人惊喜的事情，通过自己的努力，大踏步地前进，那一刻的成就感令人迷醉。可是，那些小的进步就不值得被关注吗？就不值得为之欢欣鼓舞吗？显然不是的。与人们想象的正相反，越是取得过伟大成就的人，越是珍惜每一次进步。

　　边际效应决定了成就越高，就越是难以进步。那些站在各领域巅峰的人，他们的一点点进步，就有可能改变整个世界。我们还没能站在某个领域的巅峰，但不代表我们的进步是毫无意义的。"不积跬步，无以至千里；不积小流，无以成江海。"只有珍惜每一次进步，才能登上巅峰。

在荷兰，有一个 16 岁的少年，名叫列文虎克。父亲因为家里没钱治病死了，列文虎克只好离开学校，前往阿姆斯特丹的一家杂货铺做学徒。一天，他发现商店里的顾客经常会用一个奇怪的玻璃镜片观察布料，判断布料的好坏。询问了顾客才得知，原来这是一种放大镜，有了它，就能看清布料的纹理了。列文虎克心中顿时生出一个想法，能不能用放大镜的镜片，看到一些肉眼看不到的东西呢？

列文虎克马上前往隔壁的眼镜店，向店里经验最丰富的老匠人询问，制造这种神奇镜片的可能性。老匠人想了想，告诉列文虎克，的确有一次，他们把两片镜片叠在一起观察一根头发，头发居然像木棍那么粗！

列文虎克的想法得到了肯定，从那天开始，学习如何磨制镜片变成了他每天的必修课。一有空闲，他就钻进眼镜店里。那些不熟悉他的人，还以为他是眼镜店的学徒呢。经过一段时间的努力，他终于掌握了磨制镜片的技巧。但他要磨制的镜片是前无古人的，没有人能教他什么，一切都要靠自己的努力。

很快，列文虎克结束了自己杂货铺学徒的工作，成为了市政府的一位看门人。这份工作薪水不多，工作十分清闲。列文虎克把工作之外的所有时间都拿来打磨镜片，发誓要做出能看到肉眼看不见的东西的镜片。如果他真的能打磨出这样的镜片，就将为人类打开一扇全新的大门，让人类更好地认识这个世界。

这份工作的艰难程度是常人难以想象的，每天他都用手一遍遍打磨镜片，磨出了血泡也不停止，晚上也点起灯来继续打磨。几十天的努力，经常因为一点小小的失误就全都白费。支撑他坚持下来的，就是

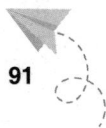

每次打磨镜片时那一点点进步。只要这次打磨出的镜片，能放大的倍数比上一次要大，那就说明他的想法是正确的。坚持下去，就一定能成功！

17年过去了。在这一年，他终于打磨出了能把物品放大300倍的镜片，配合上他自己制造的工具，人类第一台显微镜诞生了。显微镜的问世让人们知道，生病是因为肉眼看不到的小东西在作祟。要想避免生病，就得养成好习惯，如注意保持卫生的环境，不喝生水，勤洗手等。

成长感言 ▶

成功并非一蹴而就，大量的积累是成功路上必不可少的。那些小小的进步除了能证明你比之前更好了之外，还能证明你选择的方向的正确性。每一步都是正确的，每一天都有一点小小的进步，那么成功只是早晚的事情。

成长课堂 ▶

把小进步变成大成就

唐代诗人李贺，每天有了好的想法，就会写在纸条上，等到晚上再统一整理。正是因为他善于积累，才能靠着每天一点小进步，在诗歌上取得惊人的建树。那么，我们要怎么做才能让小进步变成大成就呢？

◆ 要保证每天都进步一点

养成一个好习惯，只需要半个月的时间就可以了。听起来是不是很简单？做起来却非常困难。古希腊大哲学家苏格拉底曾要求他的弟子们每天甩手三百次，这个看似简单的任务在一年后就只剩下一个学生还在坚持了，这个学生就是另一位大哲学家柏拉图。可见，养成一个好习惯并不是件容易的事情。

◆ 擅长整理自己的小进步

每天都要进步一点，但这一点被你放在了哪里呢？你是否已经运用到这一点了呢？学会整理，才能保证在运用的时候能想得起来。否则，每天多知道的一点知识，多学会的一个技巧，到最后却没有使用的地方，那不是跟没学一样吗？

在我们进步的时候，要将其整理到可以运用的地方去。就好像是一名厨师学到了一种新的食材搭配，只有将其真正运用到制作某个菜肴中去才有意义。

◆ 学会"拾遗"也是一种进步

我们在追求每天都有一点进步时，也需要留意自身存在的那些缺点，它们同样是要注意的对象。做错事情并不可怕，可怕的是做错了不去改正，甚至是不知道自身的错误。每天反省处理不当的一件小事，改正身上的一个小缺点，这也是一种进步。

全力以赴，书山有路勤为径

不奋苦而求速效，只落得少日浮夸，老来窘隘而已。

——清代书画家、文学家郑板桥

学习是一个痛苦的过程，做不完的作业，看不完的书，要是遇到难题，你可能就觉得更烦。不过你体验过全力以赴解决一个问题的快乐么？其实只要你全力以赴，再努力一点，前方就是胜利的彼岸，也就是"能过去的坎儿"。

NBA 篮球巨星勒布朗·詹姆斯，如今已经年近 40 岁了，但他的竞技水平依然惊人，依然是全世界篮球联盟里耀眼的明星。以如此年龄保持竞技状态，不敢说是后无来者，至少是前无古人的。这一切，都来自他数十年如一日的努力和自律。

詹姆斯出生在美国俄亥俄州的贫民区，他出生时他的母亲只有 16

岁，而他的父亲早已不知所踪。贫困一直伴随着他的家庭，即便是贫民区中最便宜的房子，他们也经常因为缴不起房租，被逐出家门。直到他九岁的时候，一支青少年橄榄球队的教练看中了他，这才让他的人生找到了一条出路。

小詹姆斯抓紧一切时间练习自己的橄榄球技巧，即便受伤，也要坚持运动，保持自己身体的强壮。长大以后的他，对自己的这段经历毫不避讳。他说："我打橄榄球，就是想要摆脱贫穷。"

上了高中以后，詹姆斯成为了橄榄球和篮球双料运动员。在篮球联赛没有开始的时候，他就打橄榄球。同时参加两种对身体强度要求极高的体育运动，对于詹姆斯来说颇有些游刃有余的意思。即便是在比赛当中只获得了亚军，仍然没有人能抢走他的风头。他开始登上体育杂志，人们开始以"国王"来称呼他。

随着詹姆斯的名气越来越大，他对自己的高要求也就越来越被人们熟知。即便是在 NBA，每个休赛期结束，重回赛场时身材走形、变成大胖子的运动员也不在少数。但这绝对不会发生在詹姆斯的身上，在休赛期，他也会把绝大部分时间花在健身房里。不管比赛多么劳累，他有多么饥饿，他也不会吃任何影响自己肌肉的食物。

一次，比赛结束以后，詹姆斯有些饿昏了头，工作人员拿来了一个披萨给他充饥。詹姆斯看到披萨上的猪肉，认为这会影响他的肌肉状态。宁可喝冰水饱腹，直到有合适的食物为止。

从詹姆斯在社交媒体上晒出的照片，可对他在生活当中的自律程度有所了解。披萨午餐，他盘子里剩下了香肠、牛肉，只吃掉了一点面饼。参加晚宴，面对盘子里的一小块牛肉，他无不感慨地配

文说："上一次吃牛肉，已经是两年多之前的事情了。"当然，在社交媒体上，他更多时候晒出的是自己努力训练，保持身材的视频与照片。

詹姆斯曾说过："很多球员知道怎么打球，但他们并没有领会其中的真谛。他们知道如何把球放进篮筐，但在这一切发生之前，我就已经预见到了。"

打球的真谛是什么？当然是不断的努力和惊人的自律。这些事情发生在比赛之前，发生在把球放进篮筐之前。观察一个篮球运动员是否努力，是否自律，就能预见他们是否有能把篮球放进篮筐的能力。就如同我们的学习一样，在考试之前，就能通过平日里学习是否努力，判断考试时能否取得好的成绩。

在我们的生活中，像美味的披萨、轻松惬意的休息，这样的诱惑无处不在。比如在你认真学习的时候，你的好朋友来找你玩耍，或者一个人在家时，趁父母不在偷偷看电视等。有时，这些诱惑非常让人心动！但是，所有伟大的成功人士都知道什么对于自己来说是最重要的，什么是自己要舍弃的，就像冰激凌一样，再美味，也必须拒绝！就像你一样，你可以选择玩耍、选择看电视，不过你要冒着你期末考试成绩糟糕和家长严厉的责备的风险。

当然，相信你会选择抓紧时间学习，选择做一个自律的乖孩子。恭喜你，你做得很好，你坚决不给别人超过你的机会，并且你将会赢得父母更多的信任。

成长感言 ▶

书山有路勤为径，学海无涯苦作舟。学习如逆水行舟，不进则退。学习贵在勤勉和持之以恒的努力，若在一点成就面前沾沾自喜、满足现状，再聪明的天才也会有江郎才尽的那一天。因此孔子才说：温故而知新。通俗地讲，就是要不断复习学过的内容，才能知道新的内容。它强调的是知识的持续，你一旦懒散，不但学不会新的，恐怕连旧的也忘记了。

成长课堂 ▶

如何才能更好地学习

付出是痛苦的解药，言外之意，辛勤学习是缓解学习压力的良方。有时候学习需要我们全身心地投入，毫无保留，所以勤奋也可以说是一种以痛苦对抗痛苦的方法。它的结果是，一旦全力以赴突破瓶颈，两种痛苦将同时消失，让你感到双倍的轻松与愉悦。那么如何才能更好地学习呢？

◆ 纠正学习中懒惰行为的方法

1.合理安排时间

懒惰常常与生活散漫分不开。养成有规律的生活节奏是矫治懒惰习性的第一步。日常生活井然有序的人，做事就不会拖拖拉拉、疲疲

沓沓。

2. 激发学习兴趣

兴趣是勤奋的动力，一个人对某项事物产生了兴趣，便会积极主动地投入，消除懒惰。

3. 独立解决问题

依赖性是懒惰的附庸，而要克服依赖性，就得在多种场合提倡自己的事情自己做。比如，独立地解一道数学题，独立准备一段演讲词，独立地与别人打交道，等等。

4. 加强体育锻炼

有些同学因身体虚弱或疾病，致使身体容易疲乏，学习难以持久。多多参加体育活动，改善营养或积极治疗，以增强体质。

5. 保持乐观的情绪

不要动不动就生气。遇到挫折时，生气是无能的表现。正确的做法应该是冷静地查找问题出在哪里，或是自己解决，或是与别人商量，哪怕争论一番，对扫除障碍都有益处。这个过程带来的喜悦能使你更加好学。

◆ **记忆技巧**

人脑最大的功用，在于其可记忆，但我们都知道记忆有某些特征：比如当你记单词的时候，往往是前一两个和后几个记得最牢，中间的较模糊。所以推荐几种记忆法，勤加利用，脑子会越来越好用。

1. 把重要的事情放在开头和结尾记。

2. 大篇幅的材料，分段记。

3. 一次记忆很多词语可轮换开头记。

4. 合理组织记忆材料，减少脑抑制。

读与问，敲开学问的两扇大门

不学不成，不问不知。

——东汉思想家王充

读与问是学问的两扇大门，只要做到这两点，敲开这两扇门，就相当于走进了学问的殿堂，让学习变得事半功倍。

1711 年，有一个小男孩出生在俄国北德维纳河边的一个渔民家庭。小男孩的母亲早早就去世了，他的父亲比较富裕，很快就为他找了个继母。他聪明、勤奋，对这个世界充满好奇。但是，他的父亲只是个渔民，跟着父亲他十岁就学会了捕鱼，但其他方面得不到任何成长。

小男孩想要学认字，想要学算术，他的父亲不能帮他，他的继母不仅不帮他，反而还嘲笑他。"一个渔民的儿子，学认字、算术干什么？"没办法，小男孩只能厚着脸皮向邻居求助，希望邻居能教他识字和算术。幸好邻居人不错，总是不厌其烦地帮他解决问题，让他掌握了基本的语文知识。

在小男孩 14 岁的时候，他得到了《语文》《数学》两本书。他如获至宝，每天都勤奋地阅读，看过一遍就翻回开头，重新再读，争取把书里的每一个字吃透。继母见他把时间都用在读书、学习这样"没用"的事上，不仅凶狠地责骂他，用尖酸刻薄的语言挖苦他，有时候还不给他饭吃，但这一切都没能阻止男孩继续读这两本他已经翻了无数遍的书。

到了 19 岁，小男孩已经长成了大男孩，他已经能掌控自己的生活了。于是，他马上决定离开家庭，走得远远的，去寻求自己梦想中的知识。他假冒身份，进入了一家语言学校，过上了痛并快乐着的生活。快乐的是他终于能接触到自己一直想要获得的知识了，苦的是父亲不肯给他一点儿生活费用，他只能靠学校的补贴，过着饥一顿饱一顿的日子。

男孩在学校属于年龄较大又毫无基础的学生，他能做的只有花费更多的时间，拼命地读书。遇到读不懂的地方，就向那些年纪比他小不少的同学求助。为此，他没少忍受同学的白眼和嘲笑，但他还是坚持下来了。短短一年时间，他就掌握了拉丁语和希腊语两种语言，追上了其他人的进度。在他勤奋的学习之下，八年制的学院他只用了五年就毕业了。

对别人来说，求学之路就已经算是结束了。但对于男孩来说，广袤的世界刚刚向他打开大门，他又怎么舍得停下追求知识的脚步呢？于是，他先后在不同的学院学习物理、化学、冶金、矿业、德语、法语等学科。达成这些别人要花费十几年，甚至数十年，而他只用了短短三年，所倚仗的无非是大量的阅读和厚脸皮的询问。

凭借着数十年如一日的阅读与发问，男孩最终成为了俄国最伟大的

科学家之一，除了物理、化学外，他还在哲学、文学、语言学等多个领域做出了伟大的贡献，创办了俄国第一个化学实验室和第一所大学。他就是俄国百科全书一般的科学家，质量守恒定律雏形的缔造者——米哈伊尔·瓦西里耶维奇·罗蒙诺索夫。

成长感言 ▶

　　学习的道路并不总是一帆风顺，掌握了方法才能更好地学习知识。而最好、最简单的方法，就是阅读和提问。阅读，并不仅仅是阅读书上印刷的文字，还要吃透书中讲述的道理，从道理当中发现规律。当你总结、归纳出一定的规律以后，学习就会变成很简单的事情。当然，达成这个目标需要反复的阅读、大量的阅读，古人说"读书百遍，其义自见"，就是这个道理。

　　询问，是解决自己内心疑惑的最简单的办法。学校为我们提供最大的便利，就是在我们有疑惑的时候，可以询问老师，由老师为我们解惑。所以，不要害羞，大胆地发问，解决自己心中的疑惑吧。

成长课堂 ▶

如何结合阅读与提问帮助自己更好地学习

　　阅读与提问看似是两种不同的办法，但作为通往学问的两扇大门，两者之间是有着紧密联系的。单独来使用阅读与提问，能让我们获得提高，但能将两者结合，就能让效果更上一层楼。那么，要如何才能正确使用这两种技巧呢？

◆ 在阅读过程中记住自己不懂的地方

阅读过程本身就是为自己解惑的过程，但由于知识量不够，又或者是书中内容并不那么简单，所以在阅读当中会面对新的疑惑，产生更多的疑惑。

如果在阅读的过程中，没有把自己的疑惑记下来，那就说明书没有吃透，没有完全读懂。这样的阅读，收获是不完整的。如果疑问太多，不妨用做读书笔记的方法。不管是企业家、政治家，还是知名学者，他们都有做读书笔记的习惯。每次阅读，都有新的疑问、新的收获，这样才能不断进步，把阅读的效率提到最高。

◆ 尽量多读、多想，实在不懂再去问

在生活当中什么事情记得最深刻呢？"吃一堑，长一智"，只有自己真正经历过的，真正被为难到的，到最后又解决了的，才有更深刻的印象。我们在学习的时候，只有那些反复阅读以后，自己总结出的东西，才是记忆最深刻的。

向别人询问，的确能马上就得到答案。但是，这个答案是用强硬的方式灌入我们脑海中的。在完全将其理解之前，并不能让它在脑海中扎根。如果在一定时间里还没能将其消化掉，很有可能会忘记。

来自别人的答案越多，我们需要消化的内容就越多，需要的时间

就越长，忘记的可能性就越高。一旦有什么在我们消化之前就忘记了，那岂不是白问了？更可怕的是我们以为自己已经知道了答案，但到了需要使用的时候、考试的时候才发现忘记了，岂不是前功尽弃？

因此，在面对疑惑的时候，要先阅读，把知识变成自己的，然后再去询问，把得到的答案分解、消化，牢牢记住。

◆ 发问的时候要有条理

在提问的时候，我们是主动的，为我们解惑的人是被动的。我们给出了问题，对方才会给出相应的答案。这就需要我们在提问的时候有条理，能够把事情说清楚。如果提问颠三倒四，那得到的答案也会是错误的。

精练问题，是让问题变得更好理解的方法。你在提问的时候，描述用的字数越多、句子越长，对方就越是难以理解，给出的答案也就越可能是错的。如果我们能把问题精练到短短几个字，对方就能更快地理解我们的困惑，给出最直接的解答。

不同的问题要分条询问，不要一股脑把自己内心所有的疑惑都抛出来。或许这些疑问已经在你脑海当中盘旋许久，已经深深扎根了。但对于回答的人来说，却不是这样。要一股脑接收许多问题，对方很难完全记住，在回答的时候难免有所疏漏。而你在整理答案的时候，也会出现同样的问题。可能直到逐条整理完毕后，才发现有几个问题并没有得到答案。

第 五 章

勇敢——有直面恶龙的勇气，才会有救出公主的运气

◇◇◇

　　失败的人，往往会沉湎于虚假的美好之中；而真正的勇敢者，敢于面对赤裸裸的现实。只有学会面对真实的自己，接受一切的好与坏，才能改正缺点，迎接更好的自己。

认识并接受自己的不完美

你必须有正视缺点的勇气，才有享受优点的福气。

——美国演员杰克·坎菲尔

　　认识到自己的不完美，接受自己的不完美，这需要很大的勇气。人最难认识的是自己，最难战胜的也是自己，但最容易和解的也是自己。如果连面对真正自己的勇气都没有，更别说将来要面对许多艰难的情况了。

　　1973 年，一个男孩出生在越南。他的父母在战争中去世了，一对德国夫妇领养了他。少儿时期，男孩变得越来越优秀。他头脑聪明，相貌英俊，可以说是很完美了。但是，他却经常感觉到自卑，感觉到自己与这个世界格格不入。因为他是亚洲血统，他的皮肤是黄色的。不管走到哪里，上什么学校，他都交不到朋友，更是会成为那些坏孩子

嘲弄、欺凌的对象。

最让他感到无所适从的是，身上的缺点可以改变，但肤色却不能改变。所以，他不管朝着哪个方向努力，付出多少时间与精力，都不能得到学校里其他孩子的喜爱。经过长时间的自卑、孤独、痛苦，他决定接受自己的不完美。从那天开始，他好像变了个人一样。同学嘲讽他，他只是面带微笑，不做任何争辩。没有人和他玩，他就把课余的时间都用来学习。

19 岁的时候，男孩加入了军队，成为一名医官候选人。大家参军都是为了成为一名战士，谁又愿意做一个连枪都摸不到的医官候选人呢？就在其他医官候选人满口抱怨的时候，男孩却默默地努力学习医学知识，并获得博士学位。

男孩 19 岁时加入了自民党。他一直用自己坚强乐观的精神感染着其他人，凭借自己渊博的知识折服其他人。于是，在 27 岁的时候他就被选举为德国下萨克森州自民党主席。在 36 岁的时候，又成了德国联邦卫生部部长。

因为他太过于年轻，媒体讽刺他是小鹿斑比，说他乳臭未干。但由于有少儿时期的经历，这些言论无法撼动他分毫。毕竟，他没办法改变自己的年龄。于是，他利用自己年轻这一特点，不断为自己树立新鲜人的形象，赢得了民众的好感。后来，他在政治上大获成功。他就是曾任德国副总理、自民党主席的菲利普·罗斯勒。

成长感言 ▶

很多时候导致我们不完美的不是缺点，而是特点。当这些特点出现在不合适的地方、不合适的人面前时，就会显得格格不入。既然不是缺点，就没有改正的必要，更不需要因为与环境、与其他人格格不入而觉得自卑、痛苦。当其他人都一样的时候，我们的与众不同反而是可以利用的优势。因此，认识并接受自己的不完美，有些时候反而会让自己得到提升。

成长课堂 ▶

如何把"不完美"变成自己的优势

发现、接受自己的不完美，显然也是一种进步。然而，任何一种进步都不是毫无意义的。特别是在很多情况下，这些不完美可以被利用起来，为我们建立与众不同的优势，帮助我们获得成功。要做到这一点，最重要的是结合个人的情况进行。我们在这里，可以提供几个方向，供大家参考。

◆ 物以稀为贵，格格不入有些时候代表着成为团队领袖的潜力

许多人发现自己不完美的原因就是周遭人的否定，很多时候我们进入一个团体，并不是出自本人的意愿。在学校里分班，在班级里分组，我们很难自己来决定这些事情。如果团体当中的人与我们在性格、爱好，或者其他方面不太一样，那么很容易让我们显得有些格格不入。

团队存在的意义就是协力、合作，团队当中的每个成员都非常重要，都要发挥出自己的力量，只有这样才能保证团队的成功。如果团

队当中的人在个性、喜好、才能等方面都非常类似，就可能出现某些位置上人员过剩，另一些位置上完全找不到可用的人。这个时候，原本那个有些格格不入的人，就能成为团队当中最需要的角色，成为被寄予厚望的那个人。如果能把握住这样的机会，让其他人看到我们的才能和对团队的重要性，一举成为团队领袖，也并非是不可能的。

◆ 一成不变未必就是好的

许多团体长久以来会形成思想和行为模式上的固化，这并不是一件好事。稳定得久了，难免会滋生怠惰。我们作为与团体格格不入的新人，可以为团体带来新鲜感，带来更多的活力，让团体发生变化。只要团体当中有人认为当前的情况不够好，或者不如过去好，你就有被接纳，甚至在团体当中谋求到重要地位的可能性。

人们在运输沙丁鱼的水槽里放几条鲶鱼。因为沙丁鱼们挤在一起经常会大量死亡，而鲶鱼拥有强大的活力，不仅自己能一直游动，还能让沙丁鱼也紧张起来，跟随鲶鱼不停游动。这个办法可以在运输沙丁鱼的过程中大大减少沙丁鱼的死亡数量。作为环境当中的异类和不完美的存在，那些与团体格格不入的人，不妨去扮演那条鲶鱼的角色，这样反而更能增添自己的存在感。

真正的失败，是没有勇气面对失败

对勇气最大的考验，就是看一个人能否做到败而不馁。

——美国演说家英格索尔

　　世界上有多少人能够面对失败呢？当失败真正来临的那一刻，亲历者的痛苦并不是几句惠而不贵的话就能抚平的。失败象征着时间与精力上的浪费，象征着自己的才能并不与自己的愿望匹配，象征着你落在了竞争对手的身后。

　　失败的结果并不以个人的意志为转移，不管你多少次对失败避而不谈，不管你如何努力向别人解释你没有失败，结果都是一样的。与其守着倒塌的废墟，为什么不能把废墟清理干净，重新建设万丈高楼呢？显然，承认失败、面对失败，需要太多的勇气。

　　"今年过节不收礼，收礼只收脑白金"，这条拥有惊人"洗脑"效

果的广告相信大家都知道，这条广告的缔造者，就是曾排在福布斯全球富豪排行榜第 421 位的史玉柱。毫无疑问史玉柱是一个成功的商人、企业家，但如果他没有面对失败的勇气，也就不会有今天的成功。

史玉柱第一次创业是在他比较熟悉的互联网领域，他创办的巨人集团在当时有 8 个分公司，产品销售情况极好，短短两年时间，旗下的分公司就增加到了 38 个，巨人集团也成为了当时中国第二大高新科技企业。两年以后，他就在福布斯大陆富豪排行榜上排到了第 8 名的位置。

公司发展的情况如此良好，史玉柱自然觉得会有更好的前途在等着自己。但没想到，公司的蒸蒸日上不过是种假象，背后埋藏的祸根正在悄悄发芽。史玉柱把大量的资金都投入到建设巨人大厦中，大厦计划建设的高度也从原本的 18 层增加到了 70 层。

史玉柱没想到的是，他的资金并没有自己想象的那样源源不断。公司收不回来的烂账，切断了巨人集团的血管，但巨人大厦却还在等着输血。几乎在一夜之间，那个风光无限的巨人集团就轰然倒塌了。短短两年时间，史玉柱就从中国第八富豪变成了中国第一负债人，他不仅一无所有，还要偿还多达 2.5 亿元的外债。

在这段时间里，史玉柱无时无刻想的都是怎么还钱。但如何能在短时间内还清 2.5 亿元呢？这几乎是不可能的任务。每天都有大量的债主前往巨人大厦索要钱款，见没办法要回钱款直接向史玉柱动手的也不在少数。为了还钱，史玉柱甚至把公司发给高管的手机都索要回来进行了变卖，整个公司只有他一人拥有手机。

最后，史玉柱勇敢地面对了自己的失败，放弃了过去拥有的辉煌，拿着借来的 50 万元，从条件很好的珠海转移到了成本更低的江阴，开始了二次创业。脑白金，就是史玉柱第二次创业的产物。凭借着脑白金，史玉柱在一年以后就还清了欠款，成了当年的保健品之王。

成长感言 ▶

失败并不可怕，跌倒了再爬起来就是了。真正可怕的是不承认失败，不能面对失败。只有承认失败了，才能重新站起来，才有机会找回过去的辉煌。不肯承认失败，因为面子、虚荣，抱着过去的烂摊子不肯放手，那就只能跟着过去逐渐腐败。一次失败，并不算真正的失败。如果没有勇气面对失败，只能随着时间的流逝跟随过去一起沉沦，那才是真正无药可救、彻头彻尾的失败。

成长课堂 ▶

学会面对失败

失败能教会我们很多东西，能帮助我们更接近成功，但是，失败从来都不是我们的朋友。我们可以接受失败，但绝对不能习惯与失败同行。一旦习惯了失败，就真的很难取得成功了。

只有勇敢面对失败，承认失败，才能击败这个敌人。但是，刚刚遭遇失败、正处于低谷中的我们，要从哪里汲取勇气呢？就粮于敌，从失败中汲取勇气才是最好的办法。

◆ **回到原点，不代表没有收获**

即便是像史玉柱那样，因为一次失败就变成了巨额负债者，也不代表在之前的过程中是一无所获的。在遭遇失败之前，他所积累的经验、帮手、才能，都是失败夺不走的。更何况，经历了这一次失败，他又多了一点如何避免失败的经验。

回到原点并不可怕，因为我们赖以成功的根本并没有消失。相反，我们已经扫平了一段相当长的道路，并且带着更加充足的准备，更加强大的力量卷土重来。这一次，一定能走得更快，走得更远，更有把握一举击垮失败这个敌人，赢得成功。

◆ **失败面前，人人平等**

世界上有谁不会失败？即便是那些青史留名的帝王将相、科学家、企业家、大富豪，也难免会遭遇失败，为什么我们就不允许自己失败那么一两次呢？失败虽不应该是事情的常态，不该是经常出现的，但却是无法避免的。越是将失败看得不同寻常，就越是难以有面对失败的勇气。

毛泽东曾说过，在战略上藐视敌人，在战术上重视敌人。面对失败这个敌人也是如此，把失败当成寻常事，千万不要因为一两次的失败就产生阴影，失去了面对失败的勇气。但是，在做事情的时候我们仍然要细心，要专注，以避免下一次的失败。

◆ **早失败总比晚失败好**

失败就是这样一种神奇的东西，它是每个人在成功路上都会遇到的。但是，越早面对失败的人，在接下来的道路上走得就越快，就越是容易成功。主要原因有以下几点：

1.失败越早，损失越小。想要获得成功，必须要通过长时间的积累，不断地投入，才能有所进展。而失败，很有可能让这一切化为泡影，让一切回到最开始的样子。就好像是建一座高塔一样，在高塔刚刚建好几层的时候倒塌，损失的就只有这几层的投入。要是到了快建好的时候再倒塌，那损失的可就是一座即将完工的高塔。两者不仅在投入上大不相同，对士气的打击也是天壤之别。

2.失败也能带来财富。从失败中汲取教训，是每个成功者必备的能力。每一次失败，都至少能帮我们排除一种错误的方法，告诉我们这条路是死胡同。那么，失败得越早，我们知道的死胡同就越多，也就积累了更多走向成功的经验。那些十分幸运，在某个环节上完全避开了失败的人，是很难在下一次也如此顺利的，因为他们没有避开失败的经验。

倒下的是勇者，躺平的是弱者

英勇顽强，敢于战斗的人即使惨败，也不会名誉扫地。

——英国作家巴特勒

　　人生就是一场艰难的战斗，与天斗，与地斗，还要与包括自己在内的所有人争斗。在战斗当中负伤、倒下，这并不可耻。因为倒下的前提是你是站着的，你还在战斗。而在困难面前躺平的人，失去了所有战斗的勇气，这样的选择固然轻松，但不得不说这是弱者的表现。那么，在面对困难的时候，你是选择做一名不断倒下又不断站起的勇者，还是做一个自己躺平的弱者呢？

　　美国职业篮球联赛（NBA）是世界上篮球水平最高的赛事之一，更是明星球员们的秀场。华丽的进攻虽然更受观众的喜爱，但防守却永远是赢得比赛的关键，这是篮球场永远不变的真理。但是，防守也是要冒巨大风险的。那些身体素质爆棚，能横空出世的球员，很容易就能让防守的人变成一张精彩扣篮照片的背景。那么，问题来了。因为害怕丢脸就不防守了吗？就要把胜利拱手让人吗？的确有人这么想，但也有不少人为了球队的胜利，不怕成为背景板。

历史第一大前锋蒂姆·邓肯、四届最佳防守球员本·华莱士、巅峰时期实力惊人的"魔兽"霍华德、中国篮球的骄傲姚明，都曾当过别人扣篮的背景。但这并不能代表他们的失败，反而能证明他们在最需要的时候挺身而出了，证明了他们捕捉对手进攻路线的强大能力。他们是不折不扣的勇士，不管倒下多少次，都会站起来，义无反顾地履行自己应尽的义务。而那些见势不妙就赶紧躺平的人，就很难凭借自己的努力尝到胜利的滋味。

在赛场上那些不断被击倒、不断站起的人才是真正的勇士。而在生活当中，同样是这样的勇士更容易获得成功。

在小山村里有两个木匠，两人一高一矮，手艺不错，但由于环境的限制，收入并不高。一天，高木匠对矮木匠说："咱们去城里闯闯吧，凭着我们的手艺，一定能赚到更多的钱。"矮木匠听说大城市的生活好，就同意了。

高木匠的想法是没错的，两人凭着手艺很快就在城里赚了不少钱。但是，高木匠认为，大城市的人喜欢的东西总是在不断变化，因此要多研究一点新式的家具才能赚到更多的钱。于是，高木匠一有空闲时间就研究新的家具样式。

研究哪有一帆风顺的，高木匠一次次的失败，浪费了许多的木料。矮木匠对此很不满意，就对高木匠说："咱们现在赚的钱已经是过去想

都不敢想的了，还折腾什么呢？"高木匠并没有听矮木匠的劝阻，仍旧日复一日地研究着新样式的家具。一段时间后，矮木匠受不了了，他向高木匠提出，两人拆伙，以后各干各的。高木匠虽然不情愿，但还是同意了。

在两人刚刚拆伙的时候，高木匠因为把大部分时间都投入到设计新的家具上，浪费的木料也远比矮木匠更多，颇有些入不敷出。而矮木匠呢，则按照原本的做法，收入十分稳定。

高木匠说的没错，大城市的人喜欢的东西的确变化快，之前两人打造的家具样式很快就没人喜欢了。高木匠浪费大量木料研究出的新家具马上就变成了新的宠儿。矮木匠则每天拼命工作，才能维持自己的收入水平。

几年以后，高木匠的生意越做越大，开了属于自己的家具厂。而矮木匠呢，因为收入越来越少，已经不能维持在城里的生活了，他选择打包行李，回老家去。村里人问矮木匠，城里的生活怎么样。矮木匠撇撇嘴说："也就那样，怪累的，还不如村里好呢。"

又过了几年，从城里回来的人说，高木匠已经成了大老板，开了自己的家具公司。矮木匠心里有一点后悔：要是自己当年没有选择躺平，是不是就跟高木匠一起当大老板了呢？

成长感言 ▶ ··●

躺平是一种选择，但这种选择远远称不上正确。选择躺平的人，往往是以弱者的身份倒下，再也没有站起来。真正的勇者不管被打倒多少次，都会站起来，重新回到属于自己的战场上。旁观者看不到那些躺平的弱者，只能看着勇者一次次倒下。到最后，人们会惊奇地发现，最终取得胜利的人就是那个被一次次打倒又站起来的勇者。

成长课堂 ▶ - ●

不做弱者，更不能做莽夫

勇敢与莽撞往往只有一线之隔，我们要做勇者，而不是做莽夫，盲目和冲动并不可取。只有掌握了什么时候该站起来的诀窍，才有资格成为真正的勇者。

◆ 想要再次战斗，要等伤口复原

倒下，意味着我们利用了手头所有的资源，付出了最大的努力，却还是没能成功。既然在全盛状态下我们都没能取得成功，又怎么可能在伤痕累累的时候战胜敌人呢？在伤口没有复原的时候贸然起身，最后得到的结果只能是又一次倒下。

不管对成功有多么渴望，不管有多么强大的复仇意愿，再次出发也要等到伤口复原，回到全盛的状态，把成功的概率提到最高。这样才是真正的勇士，而不是无谋的莽夫。

◆ 别在敌人最多的时候站起来

刚刚倒下的时候，往往就是你最脆弱的时候。欺软怕硬是人类的

本性，在你变得脆弱的时候，自然会有更多的敌人出现。孤注一掷地站起身来，与敌人决一死战，固然令人热血沸腾。但这种做法对最后的胜利并没有帮助，反而有些自寻死路的意思。

我们站起来是为了成功，不是为了再一次倒下。在敌人环伺的时候，选择沉默、低调，积蓄力量，这并不代表懦弱。等到越来越多的人察觉到你强大起来，愿意从敌人变成朋友的时候，才是你应该站起来的时候。

◆ 在没想清楚为什么倒下之前别起来

在成功的路上有许多我们想不到的意外，充满了各种各样的风险。有些时候让我们倒下的是一场艰难的战斗，而有些时候却可能只是小小的一颗石子。被小石子绊倒已经很不光彩了，但在找到倒下的原因之前就贸然起身，很有可能被同一块小石子再次绊倒。

想明白、看清楚，才是不倒在同一障碍前的诀窍。莽夫不会更改自己的行动方式，不会观察失败的原因，只会在同一条河里不停翻船。真正的勇者则会把每一次失败的原因都观察清楚，牢牢记在心里，避免下一次因为同样的问题而失败。

拥有乐观的力量

> 我相信过，如果怀着愉快的心情谈起悲伤的事情，悲伤就会烟消云散。
>
> ——苏联作家高尔基

提到"力量"，大家会想到什么？力气？智慧？权力？地位？这些都是力量。在这些人们熟悉的直观的力量外，情绪和思考方式同样是强大的力量。从最常见的角度来说，情绪波动影响着身体的状态，总是处在负面情绪里，并且情绪波动较大的人，心肺往往会出现健康问题。而那些心情总是不错的人，患上心脑血管疾病的概率更低，免疫力更高。可见，情绪能在看不见的地方左右人的身体健康。

既然情绪对我们的影响如此之大，那么能否将其利用起来呢？当然可以。拥有强大的正面力量，就是乐观。乐观能给人以勇气，乐观能带人冲破困境，乐观是行动力的源泉。如果我们在任何时候都能保持

乐观，那就永远不会陷入混乱，不管遇到什么情况都不会因为情绪问题做出错误的决定。

在20世纪的德国，有一个青年以画漫画为生。但是，因为他在漫画里抨击了当时的国家元首，所以他被禁止发表漫画。失去了工作的青年痛苦万分，充满怨气，终日酗酒。没多长时间，他就花光了本就不多的积蓄。更加可怕的是，他看这世界上的一切都不顺眼，甚至是自己快乐的妻子和孩子。明明自己已经没有收入了，还因为酗酒借了不少外债，心想为什么他们就不会因为生活的艰难而不快乐呢？

这个青年有记日记的习惯，这一天他从醉酒中醒来，打算补上昨天没有写的日记。他打开日记本，写道："昨天又是倒霉的一天，我找不到工作，钱都已经花光了，未来会变成什么样呢？"写完一段，他就合上日记本，打算继续到酒馆喝酒。

这个青年刚刚放下日记本，就发现在自己的日记本旁边还有另一本日记，那是他的妻子帮三岁的儿子记的日记。他知道自己不该窥探别人的日记，但妻子和儿子的快乐让他对这本日记充满好奇，驱使着他把日记本翻到最新的一页。只见上面写着："昨天爸爸因为和人谈生意喝醉了，他一定很辛苦吧。爸爸是个做事认真负责的人，我相信日子一定会好起来的。"

奇怪了，明明自己是去酒馆借酒浇愁的，怎么就成了为工作而喝醉呢？想来是自己的妻子把事情往好处想了。这样与事实并不相符的记载促使这个青年又向前翻了一页，上面写着："邻居家的大叔提琴拉得越来越好了，音乐非常动听。等我长大了，一定要跟他学拉琴，那一定是一件很有趣的事情。"随后，这个青年又打开了自己的日记，翻到了这一天，上面写着："我那该死的邻居又在拉那把破琴，真想冲过去把琴砸了。"

一瞬间，这个青年明白了自己的妻子和儿子能在困境当中保持快乐的原因，那就是积极乐观的态度。这种态度让他们在看事情的时候总是能看到好的那一面，总是能对未来的生活充满希望。而自己呢，因为失业一蹶不振，根本没有承担起一家之主的责任。

从那天开始，这个青年换了一种眼光来看世界，发现这世界远比自己想象的美好得多，对未来更是充满期望。他找了一份工人的工作，虽然工作十分辛苦，但生活却逐渐好了起来。他的乐观还打动了《柏林画报》的编辑，认为《柏林画报》正缺这样一个乐观的人来画长篇漫画。于是，《柏林画报》的编辑帮助这个青年向政府交涉，使他又重新获得了发表漫画的权力。

这个青年名叫卜劳恩，他在《柏林画报》上连载的长篇漫画就是德国幽默的象征，世界上流传最为广泛的亲情漫画——《父与子》。

成长感言 ▶

乐观的人总是充满希望，这种希望能转变成面对一切的勇气，是一种非常强大的力量。并且，这种力量的受用者不仅是自己，还有身边的其他人。所以，这种乐观不管是对自己还是对其他人来说，都是宝贵的财富。

成长课堂 ▶ ⋯⋯⋯⋯⋯⋯⋯⋯⋯⋯⋯⋯⋯⋯⋯⋯⋯⋯⋯⋯⋯●

如何保持乐观

乐观是一种强大的力量，乐观能帮我们做到许多事情，那么这一切究竟是如何实现的呢？我们又要如何保持乐观呢？其实这一切不过就是看待事情的角度不同、心态不同。稍微调整一下角度，变换一下心情，就能脱离颓废与消沉，重新找回自信与希望。如果你学会了以下几个技巧，就能把乐观变成自己的力量来使用。

◆ 明白没什么比一蹶不振更糟的了

保持乐观需要很大的勇气，在遭遇困难以后还能保持乐观更是一件非常艰难的事情。经历了打击，变得一蹶不振，到许多年后才能重整旗鼓，这样的故事并不罕见。但没有任何一个故事告诉我们，一个人能够重整旗鼓，是因为在一蹶不振当中获得了什么。所有的好转都发生在找回了乐观以后，在乐观的情绪当中重新站了起来。

显然，乐观能给我们力量，而一蹶不振只能浪费我们的时间。既然如此，我们为什么不直接跳过这对我们毫无用处的一步，跳到保持乐观上呢？难道做没有意义的事情能让你更快乐吗？当然不能，一蹶不振只能带来大量的负面情绪，让我们的心情变得更加低落，形成恶性循环。

◆ 降低心理预期

人类前进的过程就是不断提高自我要求的过程，我们在生活当中也难免会对自己、对他人、对事情的发展有所要求，并且提前做出心理预期。一旦事情最终没有达到心理预期，难免就会产生失望情绪。只要降低心理预期，明白知足常乐的道理，就能够保持乐观。

原本预计会有三天假期，但结果只有两天，难道这就不值得快乐了吗？起码假期要来了，这本身就是一件快乐的事情。原本预计自己的考试成绩能排在全班第一，结果却只拿了第二，难道这就不值得快乐吗？当然不，第二同样是实力的象征，说明只要我们再多努力一点，就能拿到第一了。事情总有好的一面，学会看到好的这一面，就能一直有所收获。而总是有过高的要求，只能迎来一次又一次的失望，这样的话我们又如何能保持乐观呢？

◆ 控制自己的情绪

情绪的奇妙之处远超我们的想象，其特点之一就是会产生连锁反应。在你生气的时候，看周围的一切都不顺眼，那么很快就会陷入自我怀疑、沮丧等情绪当中，从短期爆发走向长期失落。

不能控制情绪会严重破坏我们的人际关系，没有人愿意和一个情绪波动很大，不是发火就是抑郁的人在一起。人际交往是调解情绪、保持乐观的重要方式。家庭、学校都能在我们遇到困难的时候向我们伸出援手，提供帮助，一旦我们因为情绪问题失去了这些助力，情况就会越来越糟糕，情绪也会越来越差。

质疑是成长路上最需要的勇气

不怀疑不能见真理。

——中国地质学家李四光

　　成长的过程充满了矛盾，并且矛盾会随着人的成长而越来越多。在我们刚刚认识世界的时候，父母在生活当中教会了我们需要的知识。而到了学校，传授知识的人从父母变成了老师。在这一过程中，我们缺少自己的判断能力，知识储备不充足，对人、对事没有自己的看法。父母、老师，或者其他权威人士，告诉我们什么，我们就接受什么。

　　随着我们逐渐长大，对人和事的判断开始有了自己的想法。这些想法虽然有些幼稚，有些肤浅，但不代表就是错的，是没有可取之处的。我们只听权威人士的说法，就会压制自己的想法，就很难获得独立。所以，我们要学会质疑权威，让自己的独立意识获得成长。

吃饱饭是每个人最基础，也是最重要的物质需求。人们常说，让中国人都吃饱饭的是被誉为"杂交水稻之父"的袁隆平。他之所以能在杂交水稻这一领域取得前无古人的成绩，还要从他敢于挑战权威说起。

袁隆平从西南农学院毕业以后，成了湖南安江农校的一名老师。他看到因为灾荒而死了不少同胞，他的心被深深地刺痛了。怎样才能让全国人民都吃饱，也成了他心中的一个执念。

由于中国人口众多，以当时的条件，耕地数量远远不能满足解决吃饭问题的需要。想要让有限的耕地产出更多的粮食，就必须改良水稻的种子。但要如何改良水稻的种子呢？杂交是当时最好的选择。在当时，改良种子领域的权威是苏联的生物学家米丘林、李森科，这两人提出了"无性杂交"的学说，在学术界无人敢于挑战。但是，袁隆平做了大量无性杂交的实验，却没有任何收获。这让他非常懊恼，想来想去，决定另辟蹊径，从饱受批评的孟德尔遗传学说当中寻找答案。

袁隆平的选择并没有得到身边人的支持，他们不能理解袁隆平为什么要选择改良水稻种子这一学科，更不明白他为什么放着学术权威现成的"无性杂交"学说不用，要自己另辟蹊径。甚至有不少人当面指责他，说他不务正业，应该把时间与精力放到研究红薯、西红柿等作物的栽培上。

对于他人的质疑、指责，袁隆平没有丝毫动摇。他坚信自己是对的，自己选择的方向是有意义的。于是，他每天都去稻田里查看是否

有合适的水稻。皇天不负苦心人，没几个月，他就找到了一株格外高大的水稻。这可是做种子的好材料，他赶紧用布条把这株水稻标记起来，准备来年培育更好的水稻。

第二年，袁隆平把自己选择的良种种了下去，没想到，长出来以后却不像他想象的那样每一株都能像母株那样高大。有许多都生得很矮小，这样并不能培育出好的种子来。就在袁隆平因为失望，颓废地坐在田埂上时，灵感之神光顾了他。袁隆平想到，这些水稻是自花授粉的，所以才不会把母株高大的性状展现出来。如果能把雌雄同蕊的水稻雄花去掉，用其他水稻的雄花来授粉，岂不是就能得到拥有杂交优势的种子了吗？只不过，每株水稻都要人工去除雄花的话，这个工作量实在大得惊人，这种做法并不能大量生产种子。

就在这个时候，第二道灵感再次进入了他的大脑。那是否能在改良种子的时候顺便解决这个问题呢？只要能找到雄花退化的水稻，再进行专门培养，就能得到一种雄花退化的水稻种子了。到时候把这种水稻和普通水稻种在一起，岂不是正常授粉的过程就能实现杂交了？

这个想法是好的，但雄花退化的水稻，他一找就是三年多。通过这些水稻，他总算培养出了第一批雄花退化了的水稻种子。第二年，他又找到了六株雄花退化的种子，经过长时间的培养，终于获得了成功，为改良杂交水稻的种子奠定了基础。

多年以后，袁隆平回忆起杂交水稻事业刚刚起步的时候，不无感慨地说："搞科研，应该尊重权威，但不能迷信权威。应该多读书，但不能迷信书本。"

成长感言 ▶ ....●

　　我们尊敬前辈，是因为他们曾经为社会、为家庭做出的贡献。但这并不代表他们所说的一切都是正确的，是不能反驳，甚至质疑的。人人都会犯错，我们会，他们也会。所以，我们要有质疑权威的勇气。每个家长都盼着自己的孩子能青出于蓝，但他们同样也希望孩子能按照自己设定好的方向走下去。毕竟在他们眼中，孩子懂的还少，经验也并不丰富，需要家长从旁指点，才能不走歪路。但一直沿着家长设定好的道路走下去，最多只能变成家长的翻版，怎么能青出于蓝呢？

成长课堂 ▶ ....●

要有质疑的勇气，却不能有自满的傲气

　　敢于质疑是一件好事，但真正拿出行动来却没那么容易。毕竟我们要面对的，往往是那些在生活中教导我们、管理我们的人。他们是我们一直顺从的对象。还有一些人，生来就很自信，并通过自己的努力获得了很多的知识。这些人把质疑别人当成了一种习惯。凡是碰见与自己意见相左的情况，就认为对方是错的。那么，究竟该如何拿出勇气，用质疑帮自己成长呢？

◆ **要有足够的依据**

　　质疑他人的前提是我们有足够的依据，能证明自己的想法是正确

的。理直气壮，就是勇气的来源。当我们的质疑有其正当性、正确性的时候，说明我们站在了有道理的那一面。这个时候，勇气自然而然就会源源不断的涌现，让我们能发出自己的声音。

相反，如果没有足够的依据，为了质疑而质疑，这样的行为就是找碴、抬杠，不仅不能说服对方，反而会引起对方的反感。几次以后，原本有的勇气也就被消磨光了。

◆ 有些事情是没有准确答案的

敢于质疑、敢于提出自己的想法，不是为了争论对错。很多事情并没有对错之分，事物有两面性，有些时候甚至不只两面。站在不同的角度上，用不同的身份去看问题，往往会得到不同的答案。

当我们与对方看法不同的时候，可以质疑，可以告诉对方自己想到了什么，对于这件事情有怎样的看法。通过思想上的交流，能让我们看到同一件事情不同的样貌。

如果做决定的时候，只能考虑一个人的意见，走一个方向，那就要求同存异。保留双方不同的观点，向双方观点一致的方向走，这样有助于处理人际关系。

千万不能固执己见，认为自己的想法一定是正确的。这样只能让我们看事情的视野越来越狭隘，人际关系也越来越差。

◆ 要敢于质疑他人，也要有被质疑的勇气

质疑权威需要勇气，接受别人的质疑同样需要勇气。虽然两者都是围绕质疑进行的，但产生的感觉却是完全不同的。被人质疑，意味着自己的所作所为可能不那么正确。那么，究竟什么才最重要呢？是说服别人重要，还是找到什么是正确的重要？显然是后者。

在我们遭到质疑的时候，首先要做的不是和对方争论，而应回头再去看看自己是不是真的错了。如果错了，就赶紧改正。如果发现没错，不妨听听对方的想法，再试着用对方的想法去验证一下。如果发现自己还是没错，再用事实结果去说服对方。千万不要一上来就和对方争得面红耳赤，这样不仅显得我们缺少男子汉的气量，更会让我们失去一个进步的机会。

第六章

责任——学会承担是走向独立的第一步

◇◇◇

独立是人生的必经之路，象征着成熟，象征着有资格决定一些事情了。行使决定权就会引发后果，这后果可能是好的，也可能是坏的。只有敢于接受这些后果，敢于承担责任，才算是迈出走向独立的第一步。

成熟的第一步是承担

一个人越敢于担当大任，他的意气就越风发。

——挪威作家班斯腾·班生

　　年轻人总是盼望着自己能快点长大，因为长大了以后就能摆脱家庭、学校带来的束缚，去追求自己想要的生活。我们常说，权利与义务是并存的，既然长大就能摆脱束缚，拥有追求自己生活的权利，那背后就有义务。

　　18 周岁，是我国法定的成年标准。但这里的成年只是法律上的成年，与一个人的成熟程度并不直接相关。想要真正长大，变成一个成熟的人，需要经历一系列的考验，唯有如此，才能得到来自家庭、社会的承认。没有这些承认，你不过是个来到了 18 岁的孩子而已。想要赢得承认、走向成熟，第一步就是学会承担。

有一个王子，他是国王唯一的儿子。从出生的那天开始，他就被所有人寄予厚望。所有人都期盼他有朝一日能成为这个国家的国王。但是，国王却始终没有把王位交给王子的打算。时间一天天地过去，国王逐渐老去，王子也已经长成了一个英俊的青年。王子迫不及待地想要坐上国王的宝座，但是国王却仍然没有昭告天下，要把王位交给王子。

王子心中充满疑惑，难道父亲还有其他的孩子？又或者说自己的父亲已经老糊涂了，压根忘记了这件事情？一天，他终于忍不住问国王："父亲，将来继承这个国家的人会是谁呢？"老国王笑着摸了摸他的头说："不管是谁，至少是一个成熟的、能知道什么是为这个国家好的人。"王子看着父亲的眼睛说："难道我还不成熟吗？我已经快二十岁了。"国王眨眨眼，告诉王子："至少你还没做好承担责任的准备，还不能扛起管理这个国家的重担。"

王子不明白国王说的究竟是什么，他只是一心想要成为这个国家的国王。王子询问过宫里的宫女，朝堂上的大臣，军队里的将军，没有一个人能向他说清楚，他究竟该如何承担责任，如何才能变得成熟。直到他找到宰相时，宰相告诉他："承担责任，就是要掌控权力，做该做的事情。如今，国王不肯给你事情做，你又如何能承担责任呢？"

王子恍然大悟，原来是因为父亲不肯给自己事情做，自己才不能变得成熟。那么，自己岂不是永远都无法让父亲满意，无法成为这个国家的国王了？恼怒的王子决定采用武力手段，发动一场叛乱，夺取王位。王子相信当自己成为国王，把国家治理得井井有条的时候，父亲就会无话可说。于是，王子便联合宰相和在军队里的亲信，发动了一场叛乱。

王子带着军队包围了王宫，但是当对国王忠心耿耿的将军们率兵赶到以后，王子的军队马上就被击败了，王子本人也被俘虏，被捆起来送到了国王的面前。被俘虏的王子一见到国王就冲过去，痛哭流涕，说自己根本无心发动叛乱，都是宰相怂恿的。他觉得，父亲一向疼爱自己，只要把过错推脱给宰相，就一定能安然无恙。没想到，国王并没有相信他的话。

国王像过去一样摸着王子的头说："小狮子想要成为狮群的领袖，用武力击败老狮子也是一种选择。但是，你连承认自己干了什么都不敢，我又怎么能把国家交给你呢？"

原来，宰相是在国王的授意下才鼓动王子叛乱的，打算将这件事情作为对王子的一项考验。没想到，王子不仅失败了，而且根本不敢承担责任，更别说什么成熟了。最后，国王把自己的王位传给了一位远房的侄子，王子永远失去了统治国家的机会。

成长感言 ▶

从逐渐长大到成熟的阶段，就是走向独立的阶段。独立掌控自己的生活，听起来是非常有吸引力的。那么，为什么说承担才是走向成熟的第一步呢？其实独立的世界远非看起来那样光鲜亮丽，那样轻松惬意。在走向成熟之前，之所以会产生这样的错觉，是因为有人替你抵挡了狂风暴雨，有人帮你处理了麻烦，解决了你在生活当中遇到的难题。而当你独立以后，就不再有这样的福利了，而你还要成为能被家人、朋友依靠的人。如果你连自己的义务都不能承担，又怎么能成为

别人的依靠呢？所以说，不能承担，就远远谈不上什么成熟。

学会承担，走向成熟

承担究竟是什么？或许人人都能说出属于自己认知当中的承担。然而，具体要怎么做才叫承担呢？这又让许多人犯了难。承担就是这样一种意会很容易，但想将其付诸语言，变得具体又很难的东西。所以，人们求助于他人如何去承担，如何变得成熟，常常会越来越迷茫。现在我们在这里谈几个承担的方面，希望能起到抛砖引玉的作用。

◆ 为自己的言行负责

人非圣贤，孰能无过。每个人都会说错话、做错事。在还没被其他人看作是个成熟的人之前，比较小的错误都是可以被原谅的，但是，满 18 岁就不同了。

想要走向成熟，就必须要为自己的言行负责。说错了话，做错了事，后果都要自己来承担。所以，像过去那样冲动，想说什么就说什么，想做什么就做什么，是不可取的。"凡事都要三思而后行"，要尽量降低自己犯错的概率，以免造成损失，给他人带来不便。

◆ 学会承担公共范围内的职责

世界上的每个人都不是独立的个体，有人总是觉得自己管好自己的事情就行了，其实不是这样。在家庭当中，有许多东西都是大家共同使用的，那么，谁来负责维护这些东西呢？公共空间的卫生谁来打扫呢？在学校也是如此。许多东西别人在用，我们也在用。有许多事情，处在公共环境当中的每个人都会受益。

只管自己，到了公共领域只负责享受，不承担职责，这种行为不是独善其身，只能被称为自私自利。只有在公共领域承担职责，有所贡献，才代表你成熟了，有资格去影响公共领域的决定。许多人总是抱怨在家里自己的意见不受重视，在你不能承担任何职责的时候，你的意见只能被考虑，缺少真正的分量。

◆ 承担应该是头脑冷静时做出的决定，而不是头脑发热时的大包大揽

青少年总是充满热血与激情，特别是男孩子们在承担责任的时候，总是会拍着胸脯大包大揽。那么，大包大揽之后呢？有些时候并不能像自己拍胸脯时说的那样，这个时候不仅不能证明自己的成熟与能力，反而向其他人展现了自己不自量力幼稚的一面。

要学会承担，但要保持头脑的冷静。在大包大揽的过程中，其他人就会在你身上寄托希望。希望破灭以后，迎来的就是失望。这个时候带来的负面影响是非常严重的，不仅会影响自己的形象，更会耽误时间，给别人带来麻烦。因此，大包大揽不是成熟的表现，相反，能冷静地进行思考，能判断自己能力的人才是真正成熟的人。

道歉才是最大的勇气

对可耻行为的追悔是对生命的拯救。

——古希腊哲学家德谟克利特

在你的人生中，你遇到的最大的敌人是谁？是人际关系？是读书学习？还是从家庭到学校里的种种规矩？其实，在成长之中，人要面对的最大敌人就是自己。很多困难的发生不是因为天灾人祸，而是自己思考得不够多，能力还不够。没有什么比战胜自己需要更多的勇气了，特别是像道歉这样的事情。

道歉为什么那么难？因为道歉是对自己的否定。我们每一次道歉，都说明自己做错了事情，做了错误的选择，导致有人受到了伤害。自我否定是最难面对的事情，有些时候自我否定证明了自己在相当长的时间里都做了无谓的付出，也代表了在团队合作中自己是不如其他人的。

所以，道歉要面对自己，要面对被自己伤害的人，要否定自己的努力，这需要非常大的勇气。

诺贝尔奖是在物理学、化学、和平、生理学或医学以及文学这五个领域中最权威的奖项，身处于这五个领域当中的人，无一不以能获得诺贝尔奖为荣。每个获奖者，都会成为人人尊敬的焦点人物，成为其领域当中的权威。

弗朗西斯·阿诺德是第五位获得诺贝尔化学奖的女科学家，是美国加州理工学院的教授。她除了做自己的研究外，还要教授课程，帮助学生审查、修改论文。一次，她的学生在国际上享有重要地位的《科学》期刊上发表了一篇论文，事后阿诺德发现，这篇论文当中所描述的科学实验，居然无法再现。

面对这个结果，阿诺德犯了难。自己要是不说出去，在很长时间里都不会有人发现这个错误。并且，自己只是第三署名人，实验并不是自己做的，即便被人发现了，也可以找个借口蒙混过去。但是，这样做算是对大众的欺骗，要是有其他科学家也在该领域钻研，自己的实验结果就会对他人造成误导。要是说出去呢？自己身为诺贝尔奖得主，领域内的权威人士，岂不是要名誉扫地？

经过一段时间的内心斗争，阿诺德还是决定即便不要权威的声望和名誉，也要为其他研究者负责。她在社交网络上发表了一篇道歉声明，告知所有人这个实验的结果是不能重现的，这篇论文需要被收回。

就在阿诺德等着被口诛笔伐，被众人奚落的时候，她发现居然并没有人这样做。在那篇道歉声明的下面，充满了对她的鼓励。人们认为，以她这样的身份还能主动站出来承担过失，坦白自己的错误，这是诚实

的证明，是充满勇气的证明。这件事情并没有让她名誉扫地，反而让越来越多的人对她产生了好感。

成长感言 ▶

道歉是一种自我否定的做法，虽然痛苦，但是道歉为我们带来的东西并不只是坏的。之所以要道歉，是因为出现了错误，而不是为道歉而道歉。因此，当你缺少道歉的勇气时，别把道歉想得那么糟糕。犯了错误不道歉，当错误被放在所有人面前审判时，那才是最糟糕的，再想要道歉也没有机会了。

成长课堂 ▶

换个角度来看道歉，能让你更有勇气

在面对一些事情的时候缺少勇气，主要是因为把这件事情看得太过可怕，担心自己的所作所为会带来负面影响，甚至危及自身。那么，道歉真的那么可怕吗？我们不妨换个角度来看道歉，换个角度你就会发现道歉本身是一件利大于弊的事情。

◆ **道歉是知错能改的证明**

有不少人认为，自己无论如何都不能道歉，因为道歉证明了自己是错的，会损害自己的威信，降低在他人心中的地位。人们常说"公道

自在人心"，除了那些顶尖技术方面的对错很难分辨外，其他还有什么事情是你不说别人就一点都不知道的呢？世上没有不透风的墙，你自以为隐藏得很好，殊不知别人早就清清楚楚了。

一个为了自己的面子死不悔改的人和一个能放下身段老老实实承认自己错误的人，究竟哪个更得人心，这是显而易见的。那么，你想要当哪一种人？想要给别人留下一个怎样的印象呢？

◆ 道歉不仅是向别人道歉，也是向自己道歉

犯错这件事情在漫长的人生路上不可避免，但随着我们逐渐长大、成熟，所犯的错误也应该越来越少。做错了事情，不仅是对他人造成了不好的影响，更是因为我们又一次犯错了。

道歉为事情盖棺论定，证明这件事情是错的。那么，我们就该牢牢记住，以后不要再犯这样的错误。当我们下一次再遇到类似的情况时，上一次道歉的尴尬场面就会重现在脑海之中，起到警醒的作用。

◆ 道歉是学会进退的敲门砖

"年轻气盛"是对青少年状态的最好描述，在青少年身上最容易出现意气之争。这样的争执其实已经与真正的对错无关了，不管场面闹得多么惨烈，都不会有人愿意后退一步。

意气之争显然是毫无意义的，不管谁输谁赢，对双方来说都是巨大的伤害，更别说双方之间会出现一道难以弥合的裂痕。许多人成熟以后，回想起年轻时候的事情，对于这种意气之争就只有后悔。

只知道一味进攻，确实一时令人有酣畅淋漓之感。说好听一点，

这叫一往无前，说难听一点就是顾前不顾后了。一时的痛快换取未来漫长的痛苦这值得吗？当学会为长期利益放弃短期利益的时候，才能说这种选择是理智的，是成熟的。也就是人们常说的，知道进退。

进退有度是兵法当中重要的法门，战略性的撤退不代表失败，而是代表从长远的角度来看这样做是有利的。要学会知进退，就要先从学会道歉开始。退一步海阔天空，给对方一个台阶下，有利于调和矛盾，避免事情朝着不可控制的方向发展。

借口只会影响你成长的速度

为失策找理由，反而使该失策更明显。

——英国剧作家莎士比亚

　　面对错误和失败，并不是只有坦白承认这一种做法。毕竟坦白承认是需要很大的勇气的，并不是每个人都能做到。有一些人会选择隐瞒，或者找借口来推卸责任。每个隐瞒过自己错误的人都会明白那种悬而未决的忐忑感，时刻担心暴露的紧张感。而选择找借口推卸责任则没有这样的隐患，所以许多"聪明"人会选择这样做。

　　找借口的确不用承担犯错的后果，借口找得足够巧妙甚至能博取他人的同情。但是，这样做就没有坏处吗？答案是：不仅有，而且这种坏处会影响我们的成长，让我们成长的速度减慢。

　　有两位佛法精湛、地位崇高的僧人，他们的愿望都是把佛法传到

更加遥远、广阔的地方去。于是，两位僧人打算找到一些志同道合的伙伴，一起渡海前往另一个国家宣扬佛法。没想到，第一次渡海就因为年纪较大的那位僧人的徒弟说了一些不恰当的话，遭人陷害，被当成海盗抓了起来。幸好最后澄清了误会，但第一次渡海也就这样无疾而终了。

两位僧人渡海传播佛法的想法并没有因此而破灭，一年以后，他们就又组织起了一支队伍，打算再次渡海。没想到，这一次遇到了天灾，船队刚刚出海就遭遇了罕见的风浪，他们的船在风浪中沉没了。几天之后，附近的渔民才发现他们，把他们救了回来。

年轻僧人经历了第二次失败以后，就打了退堂鼓，觉得渡海传播佛法太艰难了。两次出海，不是天灾就是人祸，显然是佛祖不让他们这样做。而年纪较大的僧人则不这么想，他认为，这是一项伟大的事业，不经历艰难险阻怎么能成功呢？这些天灾人祸不过是佛祖给他们的考验罢了。年轻僧人的说法，无疑是不愿意冒险而为自己找的借口。

就这样，第三次渡海年轻僧人没有参与，但依然没能成功。年轻僧人不无嘲讽地说："看吧，我就说这是佛祖的意思，你们是不可能成功的。"年老的僧人没有说话，只是默默地做准备，打算进行第四次渡海。

第四次和第五次渡海也因为天灾人祸而失败了，但第六次，他们成功了。年老的僧人来到异国以后，受到了当地统治者的热烈欢迎，他们不仅为年老的僧人兴建了庞大的寺庙，还奉他为全国最大的法师，所有想要出家的人，都必须先要到年老僧人的寺庙当中学习，合格之后才能出家为僧。

这位年老的僧人除了将佛法带到这个国家外，还把建筑、医药、雕塑等技术传到了这个国家，为两国的文化交流做出了巨大的贡献。这位年老的僧人，就是六次渡海，前往日本传播佛法的鉴真和尚。

鉴真六次出海，其中的艰难险阻我们不能一一得知，仅仅是两次卷入风浪、九死一生的经历，就足够他拿来当作打退堂鼓的借口了。但是，他没有这样做，反而是把遇到的困难当成磨刀石，不断让自己的意志更加坚定，最终成了名垂千古的高僧。

成长感言 ▶

借口是非常可怕的，因为隐藏在借口背后的，是我们的坏习惯。有些时候是懒惰，有些时候是不愿承担责任，有些时候是怯懦，还有些时候是以上几种坏习惯结合到了一起。因此，找借口来挽回自己的面子、逃避惩罚、否认失败，这并不是"聪明"的表现，更不能让我们变得更好。借口是阻碍我们进步的大敌，想要加快步伐，不断进步，就不能找借口。

成长课堂 ▶

如何改掉找借口的恶习

坏习惯就要改掉，找借口虽然能让我们在某件事情当中获益，但总体来看是弊大于利的。如果每次都要找借口，"成长"二字就与我们无缘

了。但是，规避风险是人性的一部分，跟自己做斗争总是很困难。明明知道找借口是错的，有些时候还是身不由己地做出这样的选择。想要让自己获得成长，改掉找借口的坏习惯，就要养成以下几个好习惯。

◆ 确定自己在事情过程中起到的作用

"别找客观理由"，许多人都很讨厌这句话。因为当这句话出现的时候，说明对方打算把所有的问题都放到我们身上，确定我们是事情失败的罪魁祸首。那么，我们到底是不是呢？这就要确定在事情的发展过程中，我们究竟起到了怎样的作用。

如果我们做得更好一点，事情还会失败吗？如果我们准备得充分一点，客观上的变化还会对我们造成如此大的影响吗？如果我们在这其中扮演的角色是决定性的，是能阻止失败的角色，或者说在事情当中的影响力超过了客观因素，即便是有意外发生，责任也还是应该由我们承担起来。此时再把事情归咎于客观因素，那就是纯粹在找借口了。

◆ 把所有的借口一一列出，看看究竟有什么是真正不能克服的

许多问题其实没有我们想象的那么夸张，并不能真正成为我们的阻碍。一旦我们犯了错误，遭遇了挫折，就会把这些问题当成借口，给自己找一个可以失败的"正当"理由。那么，这个理由真的正当吗？

想要改掉找借口的坏习惯，不妨在做事情之前将平时惯用的借口一条条地列出来，看看这些问题是否真的能影响到自己，是不是真的无法解决。如果在事先就已经能想到这些问题，并且认为这些问题不能阻

止自己成功，到了失败的时候，也就明白问题出在哪里了。

◆ 以结果论胜败

我们寻找借口，说服自己和他人，往往是为了表达自己已经尽力了，并没有因为主观上的懒惰、粗心、胆怯等问题导致最终的失败。既然尽力了，当然就情有可原了。一旦把自己尽力了当成借口，那么"人力有限"，就真正变成束缚你的框架了。

"人力有限"，但不代表你已经达到了这个上限，更不代表失败是理所应当的。竭尽全力仍然难以挽回失败，不就更说明了你的能力已经到了亟须提高的时候吗？我们要关注的不应该仅仅是尽力与否，而应该是最终的结果。成功就是成功，失败就是失败。失败了就要不断改进，不断提高，争取下次不要失败。而不是把自己尽力了当成借口，来推卸责任，来掩饰自己的失败。

给"自我原谅"设个限

以言责人甚易,以义持己实难。

——宋代文学家苏辙

人们常说,要对自己狠一点。对自己狠一点的确能帮助自己不断进步,但人们更喜欢做的却是对自己好一点。特别是在做错了事情以后,往往会选择自我原谅。

自我原谅有什么错吗?毕竟有些时候做错事情并没有危害到他人的利益,受到伤害的就只有我们自己。自我原谅能够调整自己难过的情绪,保证自己能尽快地从失败的泥潭当中脱身,从这方面说的确是个不错的办法。但是,如果不分程度地自我原谅,那就只能带来负面影响了。相反,如果给"自我原谅"设个限度,不断提高对自己的要求,那么我们做事情就能比别人优秀。

　　法国小说家巴尔扎克被誉为"现代法国小说之父"，他一生创作了91部小说，合称《人间喜剧》。巴尔扎克为什么能够成功呢？这与他绝不自我原谅，坚持高要求有关。

　　巴尔扎克的创作速度非常惊人，但他对成稿质量的要求更高。每次印刷他的稿子都让印刷工人非常头疼，因为巴尔扎克要求他们，必须用尺寸巨大的纸张来印刷，不但要将正文印刷在中间位置，而且要有大量的留白给他修改。

　　印刷好了以后，巴尔扎克的修改就开始了。他会把文章的段落打散，重新拼装起来。利用大量的自创符号，修改文章里的每一句话。大量的文字和修改符号，很快就把纸张的周围填满了。这就结束了吗？当然没有，这才刚刚开始呢。接下来，巴尔扎克会把纸张翻到背面，继续他的修改。纸张的背面很快又写满了，修改所用的文字和符号，是文章本身的好几倍。

　　即便纸张正面、背面都写满了，修改仍然不会停止。接下来，巴尔扎克会拿出自己的剪刀，把他自己不满意的段落剪下来。在新的纸上进行修改，改好以后，再用胶水粘上去。

　　文章经过修改以后，往往会变得混乱不堪，想要理清个头绪，可不是一时半会就能做到的。印刷工人们好不容易理清了巴尔扎克众多符号代表的意思，找到了文章的开头和结尾，修改排版好并印刷了出来，至此巴尔扎克的第一次修改才算结束。接下来，巴尔扎克又要像第一次一样，开展第二次修改……

　　一篇小说，巴尔扎克往往要修改上六七次才能满意。一本200页的小说，修改的原稿要有2000余页。这些原稿是世界文学史上巨大的

财富，也是巴尔扎克对自己高要求的证明。

　　巴尔扎克就是个不轻易自我原谅的人，我们写一篇作文，会修改几次呢？会改动多少呢？不管是修改次数还是修改幅度，都远远不如巴尔扎克。更别说巴尔扎克修改的是动辄近十万字的小说，而不是一篇文章。如果巴尔扎克没有给自己设定一个"自我原谅"的限度，我们可能就无法看到《人间喜剧》这样一部"资本主义社会的百科全书"了。

成长感言 ▶

　　每次犯错，进行修正的过程就是我们成长的过程。过度"自我原谅"，会导致自己失去从错误当中汲取经验的机会，减慢成长的步伐。所以，我们要学会"自我原谅"，但千万不能过度自我原谅，有一条明确的底线是非常重要的。

成长课堂 ▶

自我原谅的限度应该设在哪里

　　"自我原谅"要有个限度，但想要为一个肉眼不可见、无法测量的东西设限却并不容易。限度设得太窄，容易让人钻牛角尖，会因为太大的压力而产生心理问题。设置得太宽呢，又会因为总是能轻易原谅自己导致难以进步，与许多重要的机会擦肩而过。现在，我们就来探讨下"自我原谅"的限度应该设在哪里。

◆ 以精益求精和敷衍了事为界限

想要做完一件事情并不困难，但事情的完成度却有着巨大的区别。就拿数学作业来说，草草做完了事和做完以后又验算一遍就有着很大的差别。在自己的能力范围内，去求一个最好的结果，这样才能让事情有一个较高的完成度。

我们做事情要精益求精，要尽力做到最好，这样才能把最好的一面展现给别人，获得更多的机会。在这一过程中，能力也会获得提高。如果敷衍了事，只能把糟糕的一面给别人看。即便好的机会出现了，也会落在那些尽全力做事，把最好的自己展现出来的人头上。

我们可以"自我原谅"，但在做事情的时候一定要在力有不逮的时候才这样做。而不是只要做完了，就认为可以"自我原谅"，不去要求自己把事情做得更好。

◆ 以是否违反公序良俗为界限

公序良俗指的就是公认的社会秩序和良好的风俗习惯。我们从小就会接受许多道德教育，如要讲卫生、讲礼貌、尊老爱幼、乐于助人等。等到年纪越来越大，参与的社会活动越来越多，需要遵守的规则又多了很多。家有家规，国有国法，学校还有校规和学生行为规范。

公序良俗不是为了束缚谁而存在，相反，是为了帮助我们变得更好，帮助整个环境变得更好。许多时候违反一些公序良俗也不会出什么大事，但久而久之，我们就会不在意这些规则，甚至形成常态。

如果我们不在意公序良俗的界线，不断在违反各种规则的时候原谅自己，那些好的、规范我们生活，帮助我们成长的习惯就会离我们越来

越远，让自己养成许多坏习惯。

◆ 要随着我们的成长与进步，不断拉高底线

青少年总是要不断成长、进步的，这种进步速度往往非常惊人，在短时间内就会发生巨大的变化。因此，底线绝对不能是一成不变的。

过去我们设下的"自我原谅"的底线，可能在当时对我们来说真的很需要。但在经历了飞速成长之后，这个底线就显得有些太宽松了。只有让底线随着我们的成长不断提高，底线才能真正起到帮助我们进步的作用。

第七章

道德——男孩的帅气，就是把高尚刻在骨子里

◆◆◆

"阳光男孩"是对一个男孩最好的褒奖，阳光象征着什么呢？象征着正直、温暖、善良。这些东西是高尚道德的组成部分，可见，品格高尚的男孩才是最帅气的。

你要学会判断人生的对与错

对于事实问题的健全的判断是一切德行的真正基础。

——捷克教育家夸美纽斯

　　判断对错是人做选择的重要影响因素，在生活当中，每个人都是一睁开眼睛就要做出关于对错的判断。今天究竟穿哪件衣服？如果是要上学，那就要穿校服，如果不上学，就可以穿常服。吃早餐的时候要吃比较清爽的东西，早上吃得太油腻，肠胃会不舒服。就是这样一个个微小的判断组成了我们的生活，越是做对的事情，就越是会过得舒服。

　　正确的选择穿衣、吃饭这些每天都在发生的事情成了我们的习惯、本能。而在人生当中，有些事情并不常见，甚至在一生之中只发生一次。一旦做错，就等于走上了歪路。想要让人生重回正轨，就要走比

别人更多的路，付出更多的代价。

小朱原本是个普普通通的男孩，他的身高一般，学习成绩一般，体育也不比别人出色。他的学生生活就这样普普通通的，似乎也没什么不好。但一件事情的发生，改变了他的人生轨迹。

有一天放学后，小朱和往常一样走在学校旁边自己每天都要经过的一条小巷子里。他突然发现自己班上的一个名叫小陈的男生正在和隔壁班的几个学生对峙。小朱不知道事情的前因后果，他只知道老师说过，班级是一个集体，班里的每个同学都应该互相帮助。眼前的事情很明显，自己要是不去帮忙，同班的小陈就要被欺负了。小朱赶紧冲上去，大声喊："小陈，你别怕，我已经叫了人来了。"隔壁班的几个男生听到小朱这样喊，狠狠瞪了他一眼，就转身离开了。

原来，小陈是班里那些调皮男生的头头，他们经常和隔壁班的男生打架。这一天，势单力孤的小陈被堵住，险些就要挨揍。幸好小朱急中生智，帮他解了围。从那天以后，小陈就把小朱当成了最好的朋友，不管有什么事情都带着他，有什么东西都分他一份。小陈告诉他，这叫义气，就好像《三国演义》里的刘关张一样。小朱的生活里第一次出现这样的波澜，这让他觉得很好、很酷，毕竟刘关张的美名可是千古流传的。

小朱的生活在逐渐变化着，他跟着小陈等人和隔壁班的男生打了几次架，成绩也越来越差。他隐约觉得这样好像与自己过去学习的东西有些背道而驰，但义气又怎么可能是坏的呢？每次脑海中生出疑虑的时候，义气两个字总是会让这些疑虑烟消云散。

有一次，小陈带着班上的几个男生和隔壁班的几个男生发生了冲突，双方约定放学后在学校后面的空地上打一架。小陈把这件事情告诉小朱的时候，小朱马上就答应去给小陈助阵。似乎，他已经习惯了这样的生活。但让他没有想到的是，这一次的结果和过去大不相同。隔壁班的一个男生，被人用石头打中了头，导致重伤昏迷，当即就被送入重症监护室，生死未卜。

事情发生以后，小朱第一时间跑回了家。他想，人不是自己打伤的，又第一时间离开了现场，应该没什么事。没想到，当晚警察就敲开了他的家门。

由于有人重伤，警方格外重视这件事情。学生之间的打架变成了带有黑社会性质的斗殴。即便小朱等人都是未成年人，也要面临法律的制裁。除非小朱等人得到伤者的谅解。

小朱在拘留所待了 11 个月后，受伤的男生才醒来。小陈、小朱等人的家长凑了一大笔赔偿费用，才换取了男生家长的谅解。11 个月的拘留，让小朱完全变成了另一个人，原本的学校回不去了，原本的名字不能用了，原本的家也不能住了。因为小朱的父母是卖了房子，才拿出足够的钱做赔偿的。

虽然后悔有些晚，但如果能让小朱再选择一次，他坚信自己一定会远离小陈那些人，一定会好好地读书。因为，这样的选择才是对的。

成长感言 ▶ ···●

喜欢好的东西，想要成为更好的人，这样的想法是没错的。但是，好和坏有时候有明显的界线划分，有些时候则没有。更别说有些时候

坏的东西会隐藏在好的东西后面，更有一些人会别有用心地利用好的东西做坏的事情。如果不加以分辨，在不确定好坏的情况下就贸然接纳，我们可能就会受到伤害。别人说好的东西，未必就是好的，人人都在做的事情，也未必是好事。有些时候甚至要做出违背自己直觉的事情，才能走到正确的道路上。

成长课堂 ▶ ···•

如何判断人生当中的对错

能准确地判断对错，是人成长的重要标志，是能否独立的标准之一。如果连对错都不能准确判断，在人生路上不断犯错，又怎么能独立正确完成事情呢？不能判断对错的人，越是早独立，就越是容易误入歧途。

准确地判断对错需要大量的人生经验，我们在成长过程中获得的判断对错的经验，往往来自我们的父母、老师，以及其他比我们人生经验更加丰富的人，从他们身上获取判断对错的经验是比较可靠的。但是，完全依靠他人的人生经验是不行的。在我们遇到事情的时候，往往不能在第一时间获得足够的帮助来做出判断，而且有些经验只适用于过去，并不适用于现在。所以，在判断一件事情的对错时，除了吸收他人的经验，我们也要有一些自己的方式方法。以下几个窍门，能为你提供一些判断对错的办法。

◆ 以完成自己的基本角色为判断标准

我们要做符合自己角色的事情，因为这是我们在每个人生阶段中最重要的事情。如果你在还没准备好的情况下就贸然进入下一个人生阶段，就会因为准备不足而受到打击。判断对错也是如此，既然我们的人生还没到下一个阶段，那就要以完成当前阶段的人生目标为标准来做判断。

我们要成为一个好学生，能帮助我们成为好学生的事情就是好的。反之，就是坏的。我们要孝顺父母，做一个好孩子。能让我们父母开心、满意的事情就是好的，不能的自然就是坏的。

需要注意的是，在这一过程中，我们不能成为一个精致的利己主义者。我们的人生也不是只有一个方面，在某方面之外还有其他的。例如，在成为一个好学生之外，还要做一个好人。如果做一件帮助他人的好事会影响你的学习，那也要义无反顾地去做。毕竟做一个好人，要比做一个好学生更重要。不能因为会影响自己的利益，就对他人的困难视若无睹。

◆ 人生当中的对错，要以整个人生的高度来判断

看问题的高度往往决定了你人生能够取得成就的大小，其中一个非常重要的原因，就是站在不同的高度，看同样的事情，标准也是不同的。

就好像在假期的时候，有人疯玩了几十天，直到最后才匆匆赶完了作业。而有的人呢，不仅从假期一开始就写作业，假期结束时还提前学习了下个学期的部分课程。从一个假期的角度来说，前者

自然是快乐的。但后者呢，不仅在新学期会过得更加轻松，还可以占据先机，事事都快人一步。后者的优势会像滚雪球一般越来越大，最终成为前者难以超越的对象。从人生的角度来看，显然后者比前者更可取。

将道德变成一种习惯

人不能像走兽那样活着，应该追求知识和美德。

——意大利诗人但丁

毛泽东主席在评价教育家吴玉章的时候说："一个人做点好事并不难，难的是一辈子做好事……"每个人都有心血来潮的时候，即便是那些在历史上恶名昭彰的人，偶尔也会展现一点人性的闪光点，做上一点好事。想要成为真正高尚的人，就必须要把做好事数十年如一日地坚持下去，在面对道德抉择的时候总是能站到正确的一面。想要做到这一点，最简单的做法就是把道德变成自己的行为规范，变成一种习惯。

在 2012 年 4 月底，一伙刚刚迎来劳动节假期的男生来到当地镇上的码头，打算好好下水玩耍一番。初夏时节，天气已经有些热了。下

水玩耍的男生们很快就忘却了学习带来的压力，他们在水里追逐着、嬉戏着，不时发出快乐的笑声。就在这个时候，河水突然变得湍急起来，其中一个水性并不出色的男生被冲到了河水较深的地方。

这名男生虽然身材高大，但脚还是够不到河底，惊慌失措的他只喊了两声"救命"，就沉了下去。其他的几个伙伴听到呼救声的时候，水面上已经没有了那个男生的踪影。他们的水性也不好，只能去岸上找大人求救。

一个路过的中年人听到了他们的呼救，赶紧冲到河边，跳了下去。他一边在水面上搜索遇险男生的身影，一边大声地呼喊，希望遇险男生听到能回应他。此时，遇险男生已经快要沉到水底了，但隐隐约约听到有人来救他，就坚强的把手伸了上去。中年人见到这只手以后，赶紧游了过去，潜入水中，把遇险男生托了上来。遇险男生身材高大，体重也不轻。中年人把遇险男生托出水面以后，已经是筋疲力尽了。但是，他还是咬着牙，坚持着把遇险男生带到岸边。抵达岸边的时候，他已经耗尽了全身的力气，连呼吸都十分困难了。

离开河水的男生还没有完全脱离危险，呛水、脱力，让他昏迷不醒。疲惫的中年人压根没有什么时间休息，毕竟人命大过天，他赶紧让遇险男生的同伴们去找其他大人，自己对遇险男生展开了急救。等到附近的居民闻讯赶来的时候，遇险男生已经恢复了意识。遇险男生被送入医院，经过一段时间的急救，才算是彻底脱离了危险。

遇险男生的父母听到儿子游水遇险的消息以后，赶紧放下工作来到医院，见到儿子安然无恙，一家人抱头痛哭。哭了好一会儿，才想到要感谢儿子的救命恩人。当遇险男生的父母得知救命恩人居然是那个中年人的时候，忍不住惊呼出声："什么？居然是他？"

遇险男生的父母之所以惊讶，是因为这个中年人之前在镇子上恶名昭彰，经常小偷小摸，打架斗殴，镇上的人都对他避之不及。在一次打架斗殴中，他把人打成重伤，被判了十几年。等到他出狱的时候，已经从一个青年人变成了一个中年人，镇上的人们也早就忘记了他。

十几年的牢狱生涯，让他对自己过去的所作所为后悔不迭。而出狱以后与社会的脱节，又让他悲哀、沮丧、无所适从，甚至不知道要如何谋生。他唯一知道的是，自己不能再做坏事了，要当一个好人。

于是，他把道德规范当成了自己的行事准则，当成了自己的生活习惯。打工的时候，他总是抢着干那些脏活累活，态度认真积极，很快就得到了身边人的认同。过去知道他的人，听了他的名字，看到他现在的表现，没有不被吓一跳的。

这一次，他下水救人的事情，彻底扭转了人们对他的看法。即便是那些仍然用有色眼镜看他的人，也不得不称赞他"浪子回头金不换"。

成长感言 ▶

人做了坏事就会受到惩罚，做了好事就会有奖励，这是天经地义的事情，虽然有些时候来得不那么及时，反馈得不那么准确。我们要做好事，当好人，这样才能抬头挺胸，光明正大地生活在阳光之下。当坏人，做坏事，只能被人们疏远、唾弃。能让多数人喜欢的最好的办法，就是把道德规范变成自己的生活习惯。这样，在面临抉择的时候，去做正确的事情就能变成本能反应，不会有丝毫的犹豫。

成长课堂 ▶ • - •

如何把遵守道德变成习惯

做事情最难的就是持之以恒，那些趣味盎然的活动人们都无法长期、定期去做，更何况一些无聊、辛苦的事情。所以，我们需要一些办法来坚持做好事，把道德准则变成我们的行动指南，养成良好的生活习惯。

◆ 牢记自己想要成为怎样的人

约束一个人的行为要用什么？从古至今人们使用了无数种办法来约束人们的行为，保证社会的秩序。然而，不管是奖惩制度、法律约束、宗教信仰，都没办法真正做到。想要约束一个人的行为，真正的办法是让人自己约束自己。

我们要遵守社会公德，成为一个好人。靠别人的监督、规则的束缚都是不够的。只有真正由心而发，想要成为一个好人才有用。所以，我们必须要牢记自己想成为怎样的人。只有这样，才能在面对抉择的时候站在正确的那一边。

特别是在今后的人生里，我们会加入许多集体当中去，会认识很多的人，交很多的朋友。我们没有办法保证这些人每个都是遵守道德的人，更没办法保证我们周围的环境始终都是好的。在这种情况下，我们只有牢牢记住自己想要成为什么样的人，才能不被其他人影响，不被周围的环境所同化。

　　人只有做到"出淤泥而不染，濯清涟而不妖"，才是真正的君子。我们要遵守道德，要做君子，就要坚持自我。

◆ 学会舍利而取义

　　"义"是儒家亚圣孟子思想中的核心部分，指的是正义的事情，合乎道德的事情。"利"也是孟子经常拿来谈论的东西，指的是好处、利益。在孟子的思想中，义是最重要的，甚至重要过生命，自然要放在利的前面。

　　我们想要做一个以道德为行为准则的人，自然要听从孟子的教诲，学会权衡"义"和"利"，因为在很多时候，"义"和"利"并不能兼得。有些时候，获得好处要以损害别人的利益为代价才能取得。例如，别人丢的钱包被你捡到了。此时如果见利忘义，把钱包据为己有，这样的行为就是典型的损人利己，是不道德的行为。

　　并不是说我们只要做事就要毫不利己，正当地取得利益当然是可以的，这样才能为自己的人生积累资本，最终取得成功。但是，有些"利"是与"义"相冲突的。这样的"利"，就是不正当的"利"。想要坚持以道德为行为标准，做一个好人，就必须要舍弃与"义"冲突的"利"。

欺骗，那是胆小鬼的逃避

没有比被人发现是一个骗子更可耻的事情了！

——英国哲学家培根

每个人都曾说过谎，谎言在我们身边所出现的频率，远远超过你的想象。每个谎言都有不同的目的，有些是善意的，有些是恶意的，有些是莫名其妙的。但是，以说谎的方式欺骗他人，毫无疑问是因为说真话没办法达成自己的目标。

使用欺骗他人的方式来达成自己的目标，这是正确的吗？或许有人会说，这是战术，这叫兵不厌诈。然而，不管使用怎样的语言来美化欺骗，欺骗都是实力不够的表现，是逃避正面交锋，逃避现实的做法。

在一个寒冷的冬天，小山村里来了一个陌生人。这个陌生人穿着厚厚的毛皮大衣，背着一杆猎枪，自称是个有丰富经验的猎人，可以在野兽活动频繁的时候，保护村子的安全。村民们很快就接纳了猎人，不仅每天为他提供热气腾腾的食物，还给他找了一间温暖的房子，让他在这里生活。

其实，猎人的枪法并不准，也没有多少狩猎野兽的经验。他的猎枪和毛皮大衣，都是他的叔叔给他的。猎人庆幸村民们如此天真，一个小小的谎言就能让他获得安逸的生活。但他不知道的是，村民们之所以如此快地接纳他，是因为村子附近的森林里有一头巨大的熊。这头熊每年都要吃掉村子里的许多牛羊，村民们希望这个猎人能帮忙赶走熊。

冬天很快就过去了，冬眠的熊也苏醒了过来。饥肠辘辘的熊很快就来到了村子里，吃掉了一头非常重要的耕牛。村民们既悲伤又愤怒，要求猎人前往森林中猎捕那头熊。就算不能杀死它，也至少要把它赶到远远的地方，让他再也不能危害村子里的牲畜。

猎人得知这里有一头熊以后非常害怕，他自知自己不是那头熊的对手。但是，他已经在村子里吃喝了一个冬天，如果他现在说实话，实在不敢想象愤怒的村民们会做出什么来。于是，他战战兢兢地走进了森林，希望那头熊千万不要出来。

猎人根本没敢走进森林的深处，他到村民看不见的地方以后，就找了一棵大树，爬了上去。时不时放上一两枪，假装自己和熊交过手了。他在森林里吃过了村民为他准备的午餐，又等到太阳快落山时，才在地上打了几个滚，走出森林。

猎人得意扬扬地告诉在村口迎接他的村民们，他找到了那头熊，狠狠地教训了它。如果那头熊再来，就再给它一点颜色看看。村民们很

开心，以为猎人真的是村庄的守护神，能保护村子不再被熊侵扰。

几天以后，在春耕的时候，那头熊又大摇大摆地出现了。这头熊不慌不忙地咬死了一头耕牛，饱餐一顿以后，扭着屁股又走回森林去了。这头耕牛是村子里为数不多的母牛，村民们全指望它今年能生一头小牛呢。因为这头熊，一切都完了。

猎人之前打败熊的经历给了村民们勇气，再加上失去母牛的愤怒，村民们决定当晚所有的青壮男性跟猎人一起进森林，彻底把那头熊赶走。

村子里每个人都士气高涨，除了猎人。因为猎人知道，自己根本没有打败过那头熊。但是，这怎么能告诉村民呢？他只好硬着头皮，和举着火把的村民们一起走进森林。在进入森林以后，猎人就打算趁着黑夜的掩护悄悄地溜走，再也不回来了。没想到，猎人碰上了那头熊。看着站起来比他还要高的熊，猎人手脚发软，居然连扣动扳机的力气都没有。他大声地呼救，附近的村民拿着火把及时赶到，他才没有成为熊的口中餐。

猎人根本不会打猎的谎言被拆穿了，他不得不把所有的东西交给村民作为补偿，然后就被赶出了村子。离开村子以后，他求叔叔教他打猎，几年以后真的成了一个优秀的猎人。这时候，猎人回到了村子，真正帮村民赶走了那头凶恶的熊。

成长感言 ▶

用谎言欺骗他人，逃避自己应尽的责任，这是懦弱和无能的表现。

作为一个男子汉，自然是不能与懦弱、无能这样的词汇挨上的。特别是，用谎言欺骗别人，对自己的成长是非常不利的。

经一事，长一智。人的能力并不是凭空产生的，只有不断地经历考验，不断面对困难，才能在这个过程中让自己的意志越来越坚强，让自己的能力越来越强大。那些经常利用谎言来逃避困难、推卸责任的人，是不能获得成长的。而通过欺骗所得到的好处，最终都会因为遇到避无可避的情况，全都倒出来，自己也会因此被人们唾弃，被贴上胆小鬼的标签。

成长课堂 ▶

在哪些情况下说谎是被允许的

我们不能滥用谎言，但也不能彻底地摒弃谎言。在面对以下几种情况的时候，说谎是被允许的。

◆ 在为了保护自己、他人的人身财产安全时

我们的国家是世界上最安全的国家之一，但也不能说完全没有坏人。面对那些坏人，我们要怎么办呢？凭借我们个人的力量与对方正面抗衡，这很危险。如果能通过说谎来解除我们的危机，把坏人绳之以法，那说谎就是被允许的。

几年前，有一个男孩在家写作业的时候，家里的大门被一个持刀歹徒撬开了。歹徒拿着刀逼男孩拿出家里所有的钱，还要伤害男孩。男

孩装出什么都不懂的样子取得了歹徒的信任，把歹徒骗到了阳台，锁上了阳台的门。随后，就打电话叫来警察，把困在阳台的歹徒抓获了。这个男孩说了谎，但不仅没有受到惩罚，反而得到了警察和家长的赞赏，说他是个聪明的小英雄。

可见，谎言所起到的不是只有负面作用。运用得当，就是一件强大的工具。

◆　在想要帮助他人，让他人接受自己好意的时候

人人都有自尊心，即便是非常需要帮助，但如果被别人赤裸裸地怜悯，内心同样会受伤。所以，我们在帮助其他人的时候，要注意方式方法，以保证不在帮助他人的时候给他人带来内心的伤害。这个时候，说谎是为数不多能达成目的的办法。

有一条社会新闻能很好地说明这件事情。有一位贫穷的老人经常来某面馆吃面，经营面馆的年轻人知道老人不富裕，于是就谎称自己的面一碗只要一元钱。实际上，他平时卖给别人，一碗面要六元钱。年轻人想要帮助老人，但又害怕伤害老人的自尊心，只好说谎，把面以便宜的价格卖给老人。

年轻人说谎的目的是想要帮助老人，所以，他的谎言不仅没有损伤他的人格，反而让他显得无比高尚。

欺凌，那是懦弱者的游戏

恃德者昌，恃力者亡。

——西汉史学家司马迁

　　学校就好像是一个小的社会，许多社会上的问题同样会出现在学校里。校园欺凌的问题，越来越多地出现在人们的眼前，也越来越受重视。作为一个男子汉，不仅要学会保护自己不受欺凌，还不能去欺凌他人。因为，欺凌他人是懦弱者的游戏。

　　有人可能会觉得，欺凌他人能证明自己比别人更强。的确，欺凌他人证明了在某个方面你超过了对方，但是，在道德方面你就远远弱于其他人了。鲁迅先生曾说过："勇者愤怒，抽刃向更强者；怯者愤怒，却抽刃向更弱者。"在你欺凌他人的时候，是不是就"抽刃向更弱者"了呢？是不是证明你不敢挑战强者，所以只能欺凌弱者呢？不敢向更强

者挑战，这显然是懦弱者的表现。

在很久很久以前，有一个棋手，他一心想要证明自己是世界上最好的棋手之一。而最能证明这一点的，就是参加每年一度的棋手大会，在大会中击败那些已经成名的棋手。他自知自己的棋艺还不够好，必须要想办法使自己的棋艺精进。

想要使棋艺精进，单靠自己琢磨、研究棋谱这些闭门造车的办法自然是不行的。只有不断地与其他棋手比试，棋艺才能进步。但是，他又担心去挑战那些强大的棋手会失败。一旦自己失败的名声传出去，想要得到其他人的认可就更难了。于是，他就开始挑战那些名声不显或者是棋艺不如自己的对手。

在短短的一年时间里，他去了许多地方，跟许多棋手进行过比试。由于他事先精心挑选过对手，所以一场都没有输过。眼看棋手大会就要开始了，他匆匆前往举办大会的城市，打算在大会上一鸣惊人。他对自己有着十足的自信，毕竟自己在这一年里每次比赛都能获得胜利，棋艺一定得到了飞跃式的提高，而自己的名声，也自然随着不停地胜利而人尽皆知了。没想到的是，他到了比赛的会场，居然连门都进不去。

他质问大会的看门人："我也是来参加大会的棋手，你凭什么不让我进去？"

看门人瞥了他一眼，对他说："你也是棋手？那我为什么从来没有听说过你的名字？"

他激动地说："你怎么可能没听过我的名字，仅仅是去年，我就与五十几个棋手比试过，一次都没有输过。"

听到眼前这个人有如此辉煌的战绩，看门人这才正色道："敢问在这一年里，您都战胜了哪些棋手呢？"

他得意扬扬地报出了一串名字，不料，看门人摇摇头说："一个都没有听过。"

就在两人争执不休的时候，看门人又放了一个年轻人进去。他赶紧对看门人说："你刚才放进去的那个人，就是我今年战胜的棋手之一。他都能进去，凭什么我就不能？"

年轻人也听到了他的话，转过头来对看门人说："今年他的确战胜过我，不如我和他在这里下一次棋。如果他能赢我，我愿意把我参赛的名额让给他。"

棋手欣然答应，面对手下败将，他有着十足的信心。可是连下三盘，他居然一盘都没有赢过。他不服气，指着年轻人说："你怎么可能进步得这么快，一定是作弊了。"

年轻人对他说："在输给你以后，我也开始了游历。在这一年里，我不断地向那些强大的棋手讨教。虽然输了一场又一场，但我在对弈当中学到了许多东西。这其中，就包括与你的对弈。我能有这么快的进步，还要谢谢你才是。"说完，就头也不回地走进会场了。

棋手听了年轻人的话，仿佛明白了什么。他决定，明年不管输赢，也要找那些厉害的棋手比试一下，不能重蹈覆辙。在过去的一年里，自己只向比自己更弱的人下手，结果连跟强者同台竞技的资格都没有。

成长感言 ▶

强者需要不断向他人证明自己的强大吗？当然不需要。因为强者

明白，不管别人是否承认，自己都足够强大。强者需要的是更多的挑战，需要的是更快的进步。只有那些弱者，才需要不断寻找机会来向他人展示自己有多么强大，有些时候甚至会不择手段。通过欺凌弱者来证明自己的强大，这是种种办法当中最低劣的。越是欺凌他人，就越是证明自己的弱小，越是会让自己变得弱小。

成长课堂

欺凌他人有哪些坏处

许多人选择欺凌他人，主要是觉得既可以展示自己的强大，又能获得种种好处。殊不知，这种行为是弊大于利的。特别从长远的角度来看，欺凌他人甚至可以说是自毁形象、动摇自己根基的行为。就好像在一棵参天大树的树底下，有一条肥大的虫子在不断啃咬树根，虽然从表面上看不出来，但发现的时候树也已经快要倒了。如果你还是不信，我们就从几个方面来看看欺凌他人究竟有哪些坏处。

◆ 破坏人际关系

同窗关系是非常珍贵的，毕竟少年时期的人际关系并不掺杂太多的利益，感情格外的真挚。许多人在成年以后，最怀念的仍然是学生时代的生活，其中就有人际关系的原因。

在将来，同学们各奔东西以后，会在不同的行业发光发热。一旦你遇到麻烦，不管是咨询还是寻求帮助，如果能找到从事这一行业的同学帮忙，总是能事半功倍。

除了同学外，师生关系同样重要。在校园生活中，学生需要老师帮助的地方很多，特别是关于学习、升学之类的事情，其他的成年人远远不如老师给出的帮助大。

成为一个欺凌弱小的人，毫无疑问会被打上"坏孩子"的标签，不仅会让同学远离你，更得不到老师的喜欢。如果在校园生涯中将人际关系破坏大半，将来就很难从这段关系里获得任何帮助。

◆ 不利于勇气的培养

在面对困难、面对挑战的时候，没有勇气寸步难行。而欺凌弱小，则不需要勇气。如果把欺凌弱小变成习惯，久而久之勇气自然就会干涸。人生不可能总是一帆风顺，当勇气干涸以后，遇到困难的时候就难以挺身而出与困难抗争，更别说战胜困难了。

喜欢欺凌弱小的人，看上去强大，但在内心深处往往比他们所欺凌的人更加弱小。被欺凌者因为当前的状况，不得不忍受欺凌。但当他们积蓄到足够的力量时，就会有足够的勇气挑战那些欺凌他们的人。

◆ 不利于成长和进步

跟臭棋篓子下棋，只能越下越臭。棋艺如此，攀登人生的阶梯也是如此。能让自己变强大，让自己站到更高处的唯一办法就是不断向上攀登。在欺凌弱小的时候，眼睛只能一直向下看，只能看到那些不如自己的人。一个连高处都看不到的人，又怎能抵达高处呢？

大鱼吃小鱼是自然界的规则，但不是社会中的规则，因为这既不

公平又不正义。在遇到挑战的时候，人们常说"人定胜天"。连上天都敢挑战的人，即便不能成功，也能向上迈一大步。而欺凌弱小的人，遵循的是自然界中弱肉强食的规则，并不具备一颗伟大的心，也就难以向着伟大迈进。

我们要做人，而不是自然界中的野兽。对弱者不能欺凌，要有怜悯之心，要给予帮助，才能培养出良好的品格和伟大的心灵，变得越来越强大。

嫉妒，那是自卑者的阴暗

不要让嫉妒的蛇钻进你的心里，这条蛇会腐蚀你的头脑，毁坏你的心灵。

——意大利儿童文学作家亚米契斯

　　面对在某个方面比我们好，拥有比我们多的人的时候，我们心中难免会生出羡慕或者嫉妒的情绪来。羡慕并不算什么糟糕的情绪，嫉妒就不一样了。嫉妒就好像是火种一样，一旦落到心里，就会燃起烈火，而受到伤害的人往往只有自己。

　　文艺复兴时期是欧洲历史上非常重要的一个时期，在这段时间里，人们的思想、艺术、科技都突飞猛进，这个时期也成了欧洲中世纪与近现代的分界线。在这一重要时期，多纳泰罗的青铜雕塑《大卫像》成了文艺复兴时期美术作品中非常引人注目的主题作品。这件《大卫像》，也刺激了米开朗琪罗的灵感，让他创造出了属于自己

的不朽名作。

多纳泰罗成名于佛罗伦萨，在 29 岁的时候就创作出了《圣乔治像》，成了佛罗伦萨最知名的雕塑家之一。在艺术家众多的佛罗伦萨，多纳泰罗年纪轻轻就闯出了名堂，自然有很多人嫉妒。其中，有一个和多纳泰罗年纪相仿的艺术家表现得最明显。

这位艺术家接受过非常严格的艺术训练，也创作过许多雕塑作品。但是，他的作品始终没能得到认可。他的老师评论他的作品时，常说他还太年轻，不管是人还是艺术作品，都不够成熟。而对和他年纪相仿的多纳泰罗却大加赞赏，毫不在意多纳泰罗同样年轻。

这位艺术家对多纳泰罗的妒火在心中熊熊燃烧起来，凭什么多纳泰罗的作品就能得到认可，自己却不行？特别是在他看到《圣乔治像》的时候，那鲜活的表情，充满力量感的姿态，都让他的作品相形见绌。这位艺术家产生了一个想法：如果多纳泰罗离开佛罗伦萨就好了。

于是，这位艺术家开始散播多纳泰罗的谣言，说他的作品离经叛道，伤风败俗；说他的人品低劣，说他的作品并不是自己独立完成的；说他的艺术水平十分差劲，那些吹捧他的人根本没有欣赏艺术的眼光……

诋毁艺术界一颗大放光明的明星，并不是一件容易的事情。再加上多纳泰罗内心非常强大，在遭遇诋毁、攻击的时候，往往会爆发出更加强大的力量，创作出更好的作品。所以，这位艺术家的诋毁一直收效甚微。

就这样，日复一日，年复一年，直到十六年后，多纳泰罗才离开佛罗伦萨，前往罗马研究艺术。得知这个消息以后，那位艺术家喜出望外，觉得自己获得认可的机会终于来了，要赶紧创造出新的作品，一举成名，取代多纳泰罗在佛罗伦萨艺术界的地位。

当他拿出石头，打算制作雕像的时候，才发现自己对雕塑无比陌生。他花费数月时间才雕好一座雕塑，但是这座雕塑别说超过多纳泰罗的作品了，就连他自己年轻时候的雕塑都不如。

多纳泰罗离开罗马以后，又辗转去了帕多瓦，在帕多瓦创作了《加塔梅拉塔骑马像》，获得了帕多瓦人的爱戴和赞美。但是，多纳泰罗却离开了帕多瓦，坚决地回到了佛罗伦萨。多纳泰罗说："赞美声会让我停止进取，佛罗伦萨这种对我充满敌意攻击的地方才能刺激我的灵感，让我创作出更好的作品。"

不怕嫉妒和攻击的多纳泰罗成了文艺复兴时期最知名的艺术家之一，而那位一直嫉妒多纳泰罗的艺术家，则默默无闻地度过了一生，他的嫉妒成了刺激多纳泰罗不断成长的动力。

成长感言 ▶

孔子曾经说过："见贤思齐焉，见不贤而内自省也。"就是说见到那些品德高尚的人，就想要和对方一样，而见到那些品德不好的人，就要反省自己是不是有相似的问题。可见，即便是圣人，在看到那些在某个方面比自己更好的人的时候，也难免会有些想法。不过，羡慕和嫉妒是完全不同的。羡慕他人，往往对自己能起到正面效果，而嫉妒起到的负面效果比较多。因此，在看到他人比我们更好的方面时，可以

眼热，但不能眼红。

成长课堂 ▶ •--•

羡慕与嫉妒为什么会造成不同的后果

许多人分不清楚羡慕和嫉妒，这也很正常。毕竟这两者实在是太过相似了，特别是在第一阶段的时候，两者都是对他人更好的地方心向往之，接下来才会分道扬镳，通向两条截然不同的道路。

那么，羡慕和嫉妒在分道扬镳以后，究竟走上了怎样不同的两条路呢？这两条路为什么会造成完全不同的结果呢？

◆ 羡慕和嫉妒产生的目标是不一样的

在本质上，羡慕与嫉妒就是截然不同的。羡慕是看到对方比自己更好的地方以后，产生了也想要拥有的心情。而嫉妒呢，想要的则是对方变得和自己一样。

在产生羡慕之情以后，会迸发出强大的动力，去取得和对方一样的成绩，拥有对方让我们羡慕的东西，这就是孔子所说的"见贤思齐"。而嫉妒则有所不同，嫉妒是只要能让对方变得和自己一样就好。想要建设什么是很困难的，但想要摧毁什么却容易得多。也就是说，想让对方和我们一样，未必需要我们上升到和对方相同的高度，把对方拉到和我们对等，甚至不如我们的程度要更容易。

所以，人们在羡慕一个人的时候，会把精力都用到努力改变自己上；而嫉妒一个人的时候，往往会产生拉低对方水平的想法。

◆ 羡慕和嫉妒的对象是不一样的

我们在羡慕一个人的时候，主体往往不是"人"，而是这份成就，或者是他拥有的东西。例如，我们很羡慕班级成绩最好的那个同学A，期望的焦点在于"成绩最好"这件事情。所以，想要满足这份羡慕之情，就必须要努力学习，争取自己也能变成"成绩最好"的那个人。

嫉妒的对象一般是那个具体的人，也就是"成绩最好的同学A"，具体的对象是"同学A"。要满足自己的期望，不是要达成"成绩最好"这个目标，而是如何能让自己的位置在"同学A"之上。

由此可见，当我们羡慕那个成绩最好的同学时，就会不停地向着成绩最好的这个目标前进。当我们嫉妒那个成绩最好的同学时，可能会在一段时间内有超过这个同学的动力，可是一旦这个同学成绩不是最好的了，甚至不如我们的时候，这份动力就会消失不见，努力的动机也就没有了。

◆ 羡慕不一定能证明自信，但嫉妒一定能证明自卑

人总是对自己缺少的东西特别向往，敢于大胆表达自己的羡慕之情，说明这个目标并非遥不可及，只要努力就能达到。而嫉妒产生的时候，则代表着自卑心理在悄然滋生，认为自己距离对方非常遥远，想要消除这段遥远的距离并不容易，所以在内心生出嫉妒的时候，才会不择手段，而不是堂堂正正地达成与对方一样的的成就。

嫉妒表达得越是明显，在不正当竞争的时候就越是容易被人发现。

所以，嫉妒引发的自卑，一般是不会明确表达出来的，只能在阴暗的角落里滋生。如果不能用正确的手段消除嫉妒，不仅会浪费自己的时间与精力，而且会对自己的心理健康造成影响。

第八章

计划——步步为营，才能掌控命运

◇◇◇

　　人的一生就怕走错路、走歪路，让命运这趟列车开向了不可知的地方。青少年要避免走错路，掌握自己的命运，最好的办法就是做计划。

重要的不是目标，而是如何达成目标

　　成功的经理人员在确定组织和个人的目标时，一般是现实主义的。他们不是害怕提出高目标，而是不让目标超出他们的能力。

——美国管理学家亨利·艾伯斯

　　人活着是为了什么？每个人都对这个问题有独特的理解。从宽泛的角度来说，实现自己的理想，达到人生目标，应该是这个问题的答案之一。从整个人生来说，需要实现的就是理想。而从短期目标来看，就是达成目的、完成计划。那么，我们不妨将计划看成是短期的理想，或者是把理想看成是人生的计划。

　　理想对我们的人生非常重要，因为这是我们一生追求的目标。一旦我们完成了计划，就意味着到当前阶段是成功的，是对我们之前人生的肯定。因此，有理想固然重要，但如何实现理想更加重要。

在一个山村里，有两个孩子，他们一个叫黑豆，一个叫柱子。他们的家离得很近。他们每天都一起上学，关系非常要好。闲暇时，两人经常躺在河边的草地上，听着小河里流水潺潺的声音，享受着微风轻拂的快乐，有一搭没一搭地聊天。

转眼，两人已经到了十四岁，到该选择未来人生道路的时候了。两人又一次躺在河边的草地上，聊着天。不过这时，两人的心情却不太轻松，因为离开学校后，两人可能就要分道扬镳了。

黑豆率先开口问："柱子，离开学校你想要去干什么？"柱子回答说："我打算去铁匠那当个学徒，学几年手艺，自己当铁匠。黑豆，你呢？"黑豆撇撇嘴，回答说："当个学徒有什么意思，我想要当指挥千军万马的大将军。等我当了大将军，也封你个官当当。"

柱子咧嘴一笑，说："那你加油，等你当了将军我也沾沾光。听说要当铁匠学徒的人还不少呢，我得提前准备准备，免得明天铁匠看不上我，连学徒都没得当。"说完，就站起来，拍了拍身上的草叶，回家去了。

柱子如愿以偿地成了铁匠家的学徒，每天都给铁匠打下手，没有什么时间再陪黑豆聊天了。黑豆就一个人躺在河边的草地上，想着自己要如何成为一个将军。

几年以后，柱子结束了学徒生涯，成了一名合格的铁匠。这一天他很开心，来到久违的河边草地上，和黑豆聊了起来。黑豆问他："现在你已经不是铁匠学徒了，你想要干什么呢？"柱子回答说："想要自己开个铁匠铺，我不仅学会了怎么打铁，还有很多自己的想法想要实现。你呢？还想当将军吗？"

听到这个话题，黑豆马上兴奋了起来，又滔滔不绝对柱子讲起自己的将军梦。直到天色逐渐暗下去，两人才分别。

这一别，就又是几年。黑豆成了一个农夫，在农闲时，他仍然会躺到河边的草地上，幻想着要如何成为将军。柱子则成了十里八村最好的铁匠，但仅仅是在村里开铁匠铺，已经满足不了他的野心了。

一天，黑豆正躺在河边，看着天上飘过的云。身边突然来了一个人，黑豆扭头一看，正是柱子。柱子对黑豆说："我要走了。"

听到柱子的话，黑豆一愣，赶紧问他："你要去哪里？为什么要走？"

柱子躺到了黑豆旁边，就像过去一样，说："我做了不少新奇的玩意，可惜在这里没人喜欢。所以打算去城里开家铺子，也许这些新奇的玩意就有人喜欢了。"

黑豆显然有些落寞，但他还是倔强地说："我本来也打算去参军呢，说不定过几年就当上将军了。没想到，你抢先一步。这样也好，你先去城里等我，我很快就到。"

黑豆口中的"很快"，并没有兑现。柱子在城里开了自己的铁匠铺，由于他手艺精湛，又有许多奇思妙想，很快就站稳了脚跟。几年之后，柱子的铁匠铺已经成了城里最大的铁匠铺，柱子本人也从一个普通的铁匠，变成了富甲一方的财主。而黑豆呢，也已经娶妻生子。虽然去河边的时间越来越少了，但一有空闲，他还是会躺在那里做着自己的将军梦。

成长感言 ▶

有谁不曾做过白日梦呢？又有谁不曾想过自己实现理想以后要做些什么呢？不必羞愧，这些事情再正常不过了。有理想是好事，但更好的事情是实现理想。如果理想不能实现，即便这个理想是全人类当中最伟大的，又有什么意义呢？

我们制定的目标往往是短期的，可能也不那么伟大。但这不代表我们只需要制定目标，而不用去实现。或许今天你的目标是比昨天多做两道习题，这样的目标看似不完成也无伤大雅，不会对人生造成什么影响。实际上，制定目标的时间被浪费了，自己的冲劲也会因此大大降低。只有认真完成每一个目标，才能逐步前进，不断提高。

成长课堂 ▶

让目标更容易达成的几种办法

想要实现目标往往不容易，这就是为什么大家会祝福别人"心想事成"的原因了。只靠努力，拼命朝着目标冲刺，这种精神值得钦佩。但是，做任何事情都要找到合适的方法。没有合适的方法，就只能花费大量的时间与精力，最终的收获却与付出的努力并不相符。因此，我们要寻找更简单的、更实际能让我们达成目标的办法。

◆ 制定目标时选择相对简单的

那些拥有伟大理想的人，也不可能一次就达到自己的目标。想要达成最终的目标，必须要有足够的积累。而这些积累，就是我们不断制定的那些简单的目标。

今天制定一个能达成的目标，明天就试着挑战一个更难的。如果积累得不够，没能成功实现那个更难的目标，那就不妨换一个简单的目标去实现。不断实现目标，既能培养良好的习惯，又能增长信心，让我们在面对困难的时候不轻易停下脚步。

所以，我们要有实现长远目标的雄心壮志，但也要顾及自己当前的能力。只有步步为营，不断积累，才能达成最终的目标。

◆ 不管想多久，都不如马上行动起来

万事开头难，更难的是马上行动起来去开这个头。只有迈出了第一步，才会有第二步、第三步，不管走得多慢，总有达成目标的时候。但如果不肯迈出这第一步，就会永远停留在原地。不管制定了什么目标，说出什么样的豪言壮语，不过都是空话而已。许多人经常不能实现目标的根本原因，就是因为从制定目标到放弃目标，根本就没有行动过。

◆ 计划不如变化快

不管我们在制订计划、设定目标的时候，花费了多少时间与精力，设想过多少意外情况，都难以把所有的情况都考虑进去。那么，出现导致我们无法抵达目标的意外时应该怎么做呢？自然是更改目标。

随机应变，灵活行事是非常重要的。对自己的能力估计错误，也是经常遇见的。如果死心眼，不管遇到怎样的困难，都要完成目标，那就太不值得了。我们在制定目标的时候，必然是要选择那些付出与回报对等的。如果遇到太大的困难，太多的变数，想要达成目标必须要增加时间与精力的投入，显然就有些不划算了。所以，需要及时改变目标来止损。及时止损并不代表性格软弱，缺少毅力。

别把时间浪费在争强好胜上

竞争可能是建设性的，也可以是破坏性的。

——英国经济学家马歇尔

　　人与人之间的关系有许多种，有互相帮助、互相扶持的，也有互相竞争的。因此，说有人的地方就有竞争并不过分。竞争无处不在，有些时候明明是站在同一阵线上，有着共同的利益，也会产生竞争。毕竟人是有胜负心的，超越竞争对手是应该做的，超越自己的同伴，成为团队当中最好的那个人，也是很正常的事情。

　　任何事情都有两面性，竞争能激发我们的好胜心，促使我们不断提高自己的能力，以便能超越其他人，做最好的那个。但是，如果把太多的精力用在争强好胜上，有些时候则会让我们偏离我们的道路，去向计划之外的地方。

　　一个靠海的国家和周边一个靠山的国家关系十分友好，双方共同抵抗其他国家的入侵，和对方交换特产，互相向对方传授自己国家新研究出的技术。因为互相帮助，互相扶持，两个国家的国力发展都十分迅速，很快就成为这块大陆上最强大的两个国家。但是，谁才是最强大的呢？两个国家的国王、国民，都认为自己的国家才是最强大的，邻国是靠着自己的帮助才兴盛起来的。

　　在一次有很多国家的国王参加的宴会上，靠海国家的国王举起酒杯，对参加宴会的人说："为了庆祝我们国家成为这块大陆上最强大的国家，让我们满饮此杯。"说完，就要一饮而尽。就在此时，靠山国家的国王面露不悦，站起来说："我最亲爱的朋友，要说这块大陆上最强大的国家，应该是我们吧。"

　　靠海国家的国王没想到对方居然敢争夺最强国家这一荣誉，他皱了皱眉，对靠山国家的国王说："虽然你们国家也很强大，但我觉得我们国家更强一些。是我们的船只走遍世界，带回来了外面的东西，分享给你们，才让你们强大起来的。"靠山国家的国王听了这番话，当场就摔了酒杯，对靠海国家的国王说："要不是我们国家每年都给你们大量的木材，你们的船又是从哪里来的？如果我们把木材变成攻城武器，你们能抵挡得住吗？"靠海国家的国王仿佛听见了这世界上最好笑的笑话，说："你们尽管放马过来，看看你们的攻城武器更厉害，还是我们的城墙更坚固。"

　　两个国王不欢而散，接着到来的就是双方漫长的战争。靠山的国家把原来每年送给靠海国家的木材都做成了攻城武器，对靠海的国家展开了无休止地进攻。靠海的国家把原本用来打鱼的人力抽出一半来开采石头，加固城墙，因为不用再送渔获给邻国了。靠海国家的城墙不断加高，靠山的国家攻城武器越来越精良。

几年以后，由于气候问题，靠山的国家遭遇了前所未有的大饥荒。因为缺少邻国渔获的支援，没多久就饿殍遍野。最终，这个国家灭亡了。靠海的国家还没来得及庆祝胜利，一伙海盗就因为饥荒而蛮横地攻入他们的城市掠夺财富和粮食。因为几年来没有从靠山的国家获得过木材，他们连出海迎战的战船都没有了。于是，靠海的国家也灭亡了。

这两个国家在互相帮助的时候，都具备了成为这块大陆上最强国家的实力。但当这两个国家把时间都浪费在争强好胜上的时候，没多久就都灭亡了。可见，无谓的争斗带来的损失是连国家都难以承受的。

成长感言 ▶ ------------------------------------●

竞争是人类前进的重要动力，在竞争过程中，想要超越别人，想要变得越来越好，只有加速奔跑。而其他人为了不被超过，也会越跑越快。在这种情况下，形成一种良性竞争，对双方都有好处。

一旦把过多的时间与精力投入到竞争中，不仅要获得自我提升，还要想着拖慢对方的前进速度，双方都要想办法去损害对方的利益，那竞争的性质就发生了变化，从良性转变成了恶性，双方都会因此遭受损失。

成长课堂 ▶ •

什么样的竞争对我们是有利的

凡事都有个界限，竞争也是如此。在界限之内，竞争会刺激我们的上进心，让我们进步地更快。一旦越过了这条界限，进入恶性竞争，就只能不断提高进步的成本，无谓地消耗时间与精力，最后出现计划外的状况。好的东西我们要争取，坏的东西我们要远离。那么，我们要如何把握，才不会让恶性竞争出现在我们身上呢？怎样的竞争对我们才是有利的呢？

◆ 好的竞争是以共同进步为目标的

我们与竞争对手究竟是怎样的关系？难道真的是水火不容的敌人吗？在我们的生活中很少出现真正的敌人，所谓的竞争对手，也不过是争夺一些荣誉、利益而已。既然我们与竞争对手之间不存在你死我活的关系，也就不必怀着一定要把对手拉下马的心态来竞争。

超过竞争对手，不被竞争对手超过，应该是良性竞争的主旋律。如果双方都抱着这种心态，你超我赶，必然能够实现共同进步，获得双赢的结果。如果我们遇到的竞争是这样的，那就不妨加入其中。如果不是以共同进步为目的，非要分个胜负，为了竞争而竞争，那只会让参与竞争的双方都蒙受损失，让旁观者得利。

◆ 不在自己目标外的领域展开竞争

年轻气盛有好的方面，也有坏的方面。好的一面在于年轻人总是更有勇气，更有冲劲，去挑战那些艰难的任务；坏的一面呢，年轻人往往会因为一时冲动，去做一些得不偿失的事情。

我们与人展开竞争，不能一时冲动踏入自己不打算踏入的领域。因为这不是我们的目标，不管在这条路上甩开对手多远，最终我们还是要回到原点，去走属于自己的那条路。特别是每个人的天赋、喜好都不相同，单纯为了竞争，花费时间与精力在某个方面进行提高，成本是远远高于我们所擅长的领域的。

陈亮在学校的军乐队负责吹长笛，他很喜欢吹长笛，技术也相当不错。一次，吹小号的同学生病，不能参加演出，陈亮的小号虽然吹得不如长笛，但也可以暂时顶上空缺。演出结束以后，同学们纷纷表示陈亮的小号吹得不如生病的那位同学好。心高气傲的陈亮起了竞争的心思，开始苦练小号。

一段时间以后，陈亮吹奏小号的水平得到了提升，同学们纷纷称赞他已经是军乐队里小号吹得最好的人了。但陈亮回头看才发现，自己花费时间练习小号根本没有意义。自己更喜欢吹长笛，也不愿意在军乐队里改吹小号。因此，这次争强好胜给他带来的只有损失。

竞争要有目的性，不能因为一时之气就浪费时间去做没有意义的事情。即便最终你获得了胜利，也只有损失，没有收获。

◆ 不做曲线竞争

都说人争一口气，佛受一炷香，很多时候人们竞争往往就是为了得

到称赞，得到荣誉。但是，称赞与荣誉未必一定会给最好的人。在竞争之中，有些人会选择直线竞争，通过努力在竞争当中超过对手。还有些人在直线竞争难以取胜的时候，就会调转方向，开始曲线竞争。

曲线竞争的方式多种多样，但大多是自己付出了更多的努力，自己做出了更多的贡献，自己的失败是情有可原等。"卖惨"一度成为选秀节目当中经常出现的桥段，就是因为通过"卖惨"可以得到评审人员更多的同情，进而获得更高的评价。

曲线竞争或许可以作为一种手段在某些特定的情况下使用。但如果竞争会长期进行下去，这种竞争方式就是毫无意义的。把戏不可久玩，曲线竞争的小手段或许能在最初为自己博得更高的评价，但用过几次以后，人们不仅会习以为常，甚至会生出厌恶之情。最终决定胜负的，还是硬实力。所以，不要在这些小把戏上花费时间与精力，设计一些能为自己加分的额外桥段。实打实的进步，才是我们渴望在竞争当中得到的。

目光要长远，做事要踏实

在瞄准遥远目标的同时，不要轻视近处的东西。

——古希腊作家欧里庇得斯

每个人对自己的未来都有美好的期待，但这个未来是多远的未来呢？人们往往将目光放在远处，很少有人会畅想明天、下个星期能有多美好。这就是长远的目光吗？当然不是。但是，长远的目光是保证美好未来到来的基础。

想要抵达美好的未来，就要做好充足的准备，这样才不会在奔向未来的道路上缺衣少食，不会因为种种困难而分神、走上岔路。只不过，在刚刚做准备的时候，我们并不知道路上会碰到什么，不可能面面俱到。所以，即便已经在路上，也要不断地完善计划，让准备越来越充分。长远的目光，指的就是不管走到哪里，都不忘记自己在追求什么，

做的事情都是为了那个美好的未来。

"千里之行，始于足下。"目光长远是好事，但路却要一步步走。我们不过是刚刚出发，并不具备坐上火箭直达目的地的能力。不管眼睛能看多远，路总要一步步走。想要走快一点无可厚非，但不肯脚踏实地，就很容易跌倒在路上。而只要肯脚踏实地地前进，即便目标非常遥远，也同样能获得成功。

在新中国成立前，人们的精神生活是十分匮乏的。每天都要忙于生计，即便有时间了，也没有什么娱乐活动。对于孩子来说，为数不多的乐趣就是和小伙伴们聚在一起讲故事。那时候有一个小女孩，名叫小梅，她最喜欢的就是和大伙坐在一起讲故事，每天都听得如痴如醉。这个时候她就想，自己要是能把这些故事记录下来，经常回味该有多好。当然，如果能写出属于自己的故事就更好了。可惜的是，她不识字，家里也没钱供她读书。

新中国成立以后，人们迎来了新的生活。但是，小梅却仍然没有时间读书认字，写下属于她自己的故事。她早已结婚生子，繁忙的工作和家庭中的琐事让她忙得脚不沾地，哪里还有时间呢？

1996 年，小梅的丈夫因为一场车祸去世了。此时她已经是个年近六十的老人，相依为命半辈子的老伴没了，让她的生活变得无比空虚。在这个时候，她忽然回想起自己年轻时候的梦想。不是想要记录很多故事吗？不是想要写出属于自己的故事吗？现在有时间了，可以开始了吧。

下定决心的小梅开始学习认字，学习写字，脚踏实地一步步向前走。这个过程，对于一个已经白发苍苍的老人来说，何其艰难。今天学会的字，明天可能就不认识了。稍有懈怠，连续几天认识的字可能还没有忘记的多。小梅只能坚持，让自己认识得字更多，忘记得字更少。

到小梅认识的字足够多，能正常阅读报刊、书籍的时候，第一阶段的任务才刚刚完成。距离书写属于自己的故事，还差得远呢。小梅对自己说："不怕起步晚，千万不要懒。"自己听过那么多的故事，将来写出来的作品一定不比别人差。于是，她开始学习写作，学习知识，整理过去的那些故事和笔记。这些事情，一做就是十几年。

在小梅七十五岁的时候，终于完成了自己的首部作品《乱时候，穷时候》，并且成功出版。而这，只是她厚积薄发的开始。随后，她又连续出版了三本书籍，广受好评。从一位不识字的普通老人，一跃成为知名的女作家。这个小梅，就是被人们称为"传奇奶奶"的姜淑梅。

成长感言 ▶ ....●

追求理想是一件非常艰难的事情，特别是在人生刚刚开始不久的时候，缺少基础的我们要一件件准备好行路的装备，储备好要用到的知识。准备得越多、越完善，距离理想也就越近。目标制定好了，起步晚一点也不要紧，只要能脚踏实地地向前走，不断缩短我们与理想之间的距离，那么早晚有一天，我们能够取得成功。世界上哪有所谓的一飞冲天呢？楚庄王的一鸣惊人、一飞冲天，也需要有三年默不作声的积累作为前提。

如何既能眺望远方又能注意脚下

想要把目光放远，就必须抬头眺望；但是，想要脚踏实地，又需要注意脚下的路要怎样走。这两者如果同时进行，看起来是很矛盾的。但是，想要获得成长，又必须要两者兼顾，这就让许多人犯了难。其实，这两者看似矛盾，实际上却是相辅相成的。只要有正确的方法，就能让一方成为另一方的助力。

◆ 在有精神的时候注意脚下，在疲惫的时候眺望远方

在眼睛疲惫的时候，眺望远方就能松弛眼睛，改善眼睛疲惫的问题。在我们做事情的时候，眺望远方同样有这样的效果。

人不是铁打的，再坚强、勤奋的人，也有觉得疲惫的时候。一旦一个人身心疲惫，做事情的效率就会大大下降。久而久之，要么因为长时间保持在紧绷状态而使自己的身心受到损伤，要么就会因为一次停止而停滞不前。

适度的休息是必要的，就连机器也要定期停下来散热、检修，更何况并非钢铁之躯的人。在休息的时候，我们不妨多畅想一下未来、畅想自己达成理想之后应该是什么样的。美好的未来对我们是偌大的鼓舞，能让我们在出发的时候精神更加饱满。

◆ 方向是否正确，需要靠眺望远方校准

目标就在远方，我们每走一步都是在向目标靠近。唯一的问题是，走在路上的我们很难判断自己的方向是否是正确的。一味地低头向前走，难免会因为太久不抬头，走向了错误的地方。走得不远还好，如果错得太远，可能就难以回头了。

因此，在前进的时候，要时常抬起头来，回想一下自己的理想究竟是什么。环视一下四周，看看自己手上正在做的事情，看看它们是否和自己设定的目标一致。

◆ 记住前面的路，就能看着远方前进了

脚踏实地前进，也并非一定要走一步看一步。缺少计划性，就会缺少准备，让前面的路越来越难走。如果我们养成做计划的好习惯，就可以在前进之前摸清楚前面的路究竟是什么样的。行路变得容易，自然也有时间在前进的时候眺望远方了。

在计划当中，最重要的两个环节就是解决困难以及对意外状况的应对。前进的道路不可能是一片坦途，一定会有泥泞，会有沟壑，会有荆棘密布的地方。提前拿出应对的策略，就能让事情变得简单许多。面对泥泞，就准备好雨鞋；看见沟壑就搭一座桥；知道前面有荆棘就拿出柴刀披荆斩棘。

应对意外状况是计划当中必须要有的内容，在执行计划的时候，难免会碰见节外生枝的情况。有些意外很好解决，即便是出现了，靠随机应变也能处理得很好。而有些意外会出现在重要环节，一旦出错，整个计划都会宣告失败。面对这种情况，就必须要准备好应对策略。

就好像是汽车上的备胎、游轮上的救生圈一样，虽然看起来没什么用，但在意外出现的时候就是救命的东西。

既有长远的目光，又能踏实地做事，这样才能让未来与现在都掌握在自己的手中。千万不要一直看着远方，不看脚下，否则会摔倒在地上。也不能一直看着脚下，看得久了会迷失方向。

计划只有切实执行才有价值

我们对真理所能表示的最大崇拜，就是要脚踏实地地去履行它。

——美国思想家爱默生

　　计划是我们为了能更好地做事情而做出的准备。当我们花费了时间与精力去制订计划，最终在做事情的时候却根本没有按照计划执行，计划就变得毫无意义、毫无价值了。

　　或许有人会说，不管我有没有制订计划，只要最后的结果是好的不就行了吗？最后的结果是好的，这固然令人欣喜，但计划往往就是"好的结果"能出现的重要保障，我们制订计划的意义就在于此。唯结果论显然是不对的，按照计划进行，我们会有许多的办法面对危机和意外。偏离了计划，就好像是脱下盔甲的战士，很容易被意外打垮，引发严重的后果。

切尔诺贝利位于乌克兰，世界十大污染地区之一。1986 年，这里发生了举世震惊的核电站爆炸事故，受到这次事故影响的人达 1000 多万人。而造成这一切的原因，就是计划没有被切实执行。

核反应堆在反应的时候会发出大量的热，想要保持核反应堆正常运行，就必须要想办法让其处在安全的温度之内。切尔诺贝利核电站选择的是利用水来冷却，因此抽水的水泵是必不可少的。水泵的供电自然不能来自核电站，因为一旦核电站出现问题，冷却就会停止。切尔诺贝利的核反应堆水泵的供电来自外界。一旦外界的供电出现意外，还有备用的柴油发电机，来保证水泵的供电。

柴油发电机的启动需要 30~60 秒的暖机时间，苏联的官员们觉得这个时间实在太长了，很容易出现安全意外。于是，就决定利用停电以后蒸汽轮机还能凭借惯性继续转动一段时间来进行少量发电，做应急使用。

第一次的实验其实是成功的，但还有些美中不足。所以，苏联的科学家们打算在表现最好的第四机组再用新的办法实验一次，务必要做到尽善尽美。他们为这次实验制订了完美的计划，核电站本身又有非常完善的应对危险的方案。这不过是一次普通的实验，能出什么问题呢？更何况，第四机组属于精英机组，操作人员也都是核电站中技术顶尖的员工，不管从哪个角度来看，实验都不会失败。

在进行实验的时候，需要降低反应堆的功率。理想状态，是在正常情况的 30% 左右。一位操作人员在降低功率的时候出现了失误，导致功率迅速下降到了正常情况的 1%。这个功率可不能进行实验，而如果今天不能做实验，下一次合适的时机要等到一年以后。操作人员不想因为自己的失误导致实验被推迟，决定强行提高反应堆的功率。

提高反应堆的功率可不是一件容易的事情，控制反应堆功率的主要方法是利用冷却剂和控制棒，在降低温度的同时吸收中子，保证反应速度在可控制的范围内。而反应堆迅速降低功率，会在燃料里产生大量的氙气，同样会吸收大量的中子。因此，想要提高反应堆的功率，正常情况需要很长的时间。

操作人员为了提高反应堆功率，直接提起了所有的控制棒，这一举动是非常惊人的。因为控制棒被提起以后，再回到反应堆里需要走很长的距离，用很长的时间。所以，在苏联科学家们制订的计划里，即便是总理亲自下令，也绝对不能在反应堆里控制棒少于三十根的时候继续运行反应堆。然而，实验竟然就这样危险地开始了。

实验开始以后，反应堆的功率开始快速提高，操作人员马上手动停止反应堆，但控制棒放下去还需要一定的时间。就这样，反应堆进入到功率毫无限制地疯狂攀升的状态里。开始实验还不到一分钟，反应堆的功率就达到了满功率的一百倍，发生了恐怖的爆炸……

即便是苏联政府马上对当地居民进行了疏散，并派遣多达 25 万名相关人员进行救灾，最终也没能避免切尔诺贝利成为这个地球上遭受过严重核灾难的地方之一。

成长感言 ▶

计划的重要性不仅体现于它能在我们做事情的时候给出指导方向，更因为计划当中的许多内容能够保证事情正常地发展，不偏离轨

道。一旦计划没有被执行，很容易进入一个未知领域。在未知领域之中，所出现的一切状况都是我们意料之外的，都是我们没有应对方案的。如果足够幸运，能通过随机应变解决问题。如果不够幸运，选择的方法很有可能让我们遭遇的困境雪上加霜。

成长课堂 ▶

保证计划正确实施的几种办法

许多时候计划没能被切实地执行，并不是因为出现了意外情况。而是因为我们自己的疏漏、马虎等问题，导致自己陷入麻烦之中。按照以下几个办法就能尽量避免这种情况发生。

◆ 为计划的开始准备充足的时间

好的开始是成功的一半，一份周全的计划也一定是有完善的时间计划的。到什么时间该做什么，用多长时间完成某个环节，这些都是保证计划能被切实执行的重要因素。一旦计划没能按时开始，就意味着中间环节需要的时间被大大压缩了。执行计划的时间不充足，自然容易出现意外。

在计划正式开始之前，需要预留好等待的时间。这段时间即便什么都不做，只是单纯的等待，当计划被保证能切实执行的时候，也是有所收益的。因此，不必担心造成时间上的浪费。特别是这样做能避免在计划开始之前就出现意外，例如，我们乘坐的交通工具出现了问题，如果我们提前预留一些时间，即便是要换乘，也能及时赶到目的地。相反，要是没有提前预留一些时间，即便是换乘交通工具这样小小的意外，也能让我们的计划得不到切实执行。

◆ 在计划进行中，有哪个环节提前完成，也不要节外生枝

在做计划的时候，自然要给每个环节留出充足的时间，这样才能保证每个环节都能做好。但意外有时候不仅是坏的，还有好的。在某个环节，我们可能会因为意外状况提前完成了计划，这个时候一定要注意，不要节外生枝。

画蛇添足的成语故事就是这样，那个人明明最快画好了蛇，又因为还剩下许多时间，就给蛇添上四只脚，以致最后输掉了比赛。这样的事情在生活当中屡见不鲜。小明跟同学约好一起去书店，原本打算坐公交车去，结果还没走到公交车站，就遇到一个叔叔可以开车送他过去。小明提前十五分钟到达了和同学约定的地方，正巧旁边有人在玩篮球，他就去跟着玩了一会。就在这段时间里，同学按时到了约定的地方，却没看到小明，只好等了好一会。两人原本约好买完书以后就去看电影，但由于小明的意外之举，当买好书以后，电影已经开始了，两人只能垂头丧气地提前回家。

◆ 在最后的结果出现之前都不能放松警惕

我们的计划并不是万无一失的，在制订计划的时候，也不过是参照了其他人的经验和我们自己收集的信息和知识。最终结果能不能跟我们所设想的一样取得成功，也是不能确定的。万一事情有所变化，中

途就有可能出现我们没有注意到的情况，又或者是收集的信息并不完善，就有可能导致在最后出现我们难以预料的情况。

出现意外的情况并不可怕，毕竟在计划的结尾，我们距离完成也只差一小步了。凭借之前我们完成众多环节积累下来的经验，即便是磕磕绊绊也差不多能收尾了。最可怕的是，觉得计划是万无一失的，认为做完了计划当中的每一步，就可以坐等结果，甚至开始提前庆祝了。这个时候，如果意外出现了，事情可能还差一点没能完成，又或者是出现了一点我们根本不知道的意外情况，彻底放松警惕的我们此时就很有可能迎来一场全面的失败，让之前做的所有努力都白费了。

计划一定要切实执行才有意义，至于是否能切实执行，需要我们保持戒备、提高警惕、全神贯注。不管是计划开始执行、计划执行之中，还是计划执行完成，都不能有丝毫的放松，这样才能保证计划的切实执行。

保证你的计划是合格的

计划的制订比计划本身更为重要。

——美国经济学家戴尔·麦康基

　　计划能让我们掌控自己的命运，从短期的生活计划、学习计划，到长远的人生计划，都非常重要。计划越是完美，我们就能把命运掌控得越牢固。前提是，计划应该是合格的。一份不合格的计划，轻则起不到任何作用，重则把自己引上一条错误的道路，无法回头。

　　可口可乐公司是世界上最大的饮料公司，1887 年推出的可口可乐，直到今天仍是人们最喜欢的碳酸饮料之一。然而如此长盛不衰的可口可乐，也曾因为一次错误的计划，与人们暂时告别。

　　可口可乐问世以后，马上就受到了人们的喜爱。而可口可乐公司

最大的竞争对手百事可乐公司，直到 1898 年才推出百事可乐。在经历了艰难的发展以后，百事可乐公司与可口可乐公司在碳酸饮料领域开始了漫长的竞争。双方招揽明星加入自己的阵营，在广告里打击竞争对手，降低价格，几乎无所不用其极。至于哪种可乐更好喝，至今还是人们争论的话题。

在 20 世纪 80 年代，百事可乐公司曾做过一次街头实验。百事可乐公司的工作人员分别把两种可乐装到一样的杯子里，拿给路人饮用，让他们选择哪一种味道更好。结果出乎意料，销量和口碑一直更好的可口可乐全面落败。这个结果让百事可乐公司乐开了花，实验结果很快就出现在了百事可乐的广告当中。

可口可乐公司对这个结果当然是嗤之以鼻的，他们不相信可口可乐在口味上不如百事可乐。他们认为实验结果有问题，一定是卑鄙的百事可乐公司工作人员做了手脚，修改了实验的结果。可口可乐公司的工作人员做了一次一模一样的街头实验，结果让可口可乐公司的管理人员惊掉了下巴。在他们自己做的实验当中，可口可乐再次落败了。

自己公司的拳头产品，居然不如竞争对手，这怎么能行？于是，可口可乐公司制订了一个计划，全力研发新口味的可口可乐，务必要在口味上超过对手。1985 年，全新口味的可口可乐研发完成了。这个结果让可口可乐公司的 CEO（首席执行官）非常得意，认为新口味的可乐必将获得全面的成功，自己肯定稳操胜券。

结果，新可口可乐一上市，就接到了成千上万的投诉。虽然新可乐的口味更好，但是消费者却不买账。他们将更改可口可乐的口味视作一种背叛，喝可口可乐早就成了他们的习惯，至于口味是不是更好，根本就没人在乎。于是，遭受了严重损失的可口可乐公司只好把口味改回原来的样子。而所谓"最有把握"的计划，宣告失败。

成长感言 ▶

成功的计划能帮我们掌控命运，而失败的计划则会让我们的命运如同脱缰的野马一样去向不可预料的地方。坏的计划更糟糕，可能会把我们引向与理想相反的地方。所以，我们在制订计划的时候，一定要慎重，务必保证我们的计划是能成功的，是好的计划，做到对时间与精力的正确使用，确保前进方向的正确。

成长课堂 ▶

什么样的计划是合格的计划

制订合格的计划并不像想象的那么容易，初次制订计划，除了对事情不了解外，还有许多需要注意的要素。一旦缺少了这些要素，计划就好像是一页注意事项一样，很难起到实际作用。下面我们就来看看，制订合格的计划究竟需要哪些要素。

◆ **能够实现的目标**

许多人在制订计划的时候，都有些好高骛远。这很正常，毕竟谁都想要在一个计划周期内取得更高的成就。但目标不能实现，成就不

能取得，计划就是毫无意义的。

如果每个环节都进行得非常艰难，一旦中间的某个环节没能完成，就可能引起全面失败的连锁反应。即便没出现这种连锁反应，中间环节失败带来的挫败感，也会影响进行其他环节时的心情与状态。因此，最开始的环节不妨设置得简单一些，让自己多一点信心应对后续的环节。

◆ 计划要有严格的时间要求

计划不仅仅是按部就班为我们接下来要做什么制定方案，更是要限制时间，要求我们在某个时间段里完成任务。没有时间要求，那计划就变成了一张待办事项的表格，起不到任何的约束作用，更无法让人检测自己的计划是不是产生了效果。

看不到计划产生的效果，就不能确定计划中规定的内容是否有用，是否需要继续执行下去。别等到执行了一段时间以后还没有成效再放弃，这个时候损失就大了。

◆ 要有备用方案

计划当中遇到意外，这是难以避免的。例如，我们计划一周要跑步五天，锻炼身体。结果呢，遇上连续的阴雨天。冒雨出去跑步，显然不是聪明的选择。但没有备用方案的话，锻炼身体的目的就无法达到。所以，在制订计划的时候，一定要做备用方案。如果不下雨的时候，就通过跑步锻炼身体。如果下雨，就在家里做俯卧撑、仰卧起坐、高抬腿等运动。这样的计划就更完善，更有可行性。

◆ 计划内容应该详细

　　计划不详细，其中就会有很多空子可钻。在计划还没开始时，就给自己留后路，抱着这样的心态来执行计划，是不能保证计划真正实现的。制订运动计划，就要精确到一次跑步要多长时间，一个星期要跑几天。制订学习计划，就要制订一天完成多少习题。否则，就会出现"今天只做两道习题，也算是执行了计划"这样的情况。